反捕鯨？ ［第2版］
日本人に鯨を捕るなという人々
（アメリカ人）

丹野 大 著

文眞堂

第 2 版の出版にあたり

　本書の初版は，著者である丹野大が共同研究者の浜崎俊秀の思いも組み込んだ上で，2003 年中に書き上げ，2004 年 1 月に図書市場に送り出した研究書であった。研究書ではあったが，その後の図書市場において多くの読者によって理解されることになった。この点につき，「出版の労を快諾された出版社の方々」と「読者の方々」とに，この場を借りて謝意を表明させていただきたい。

　さてそのような多くの読者の方々によって理解されてきたこの 7 年間に，捕鯨関係についての状況には幾つかの変化が発生してきた。そこで第 2 版の出版に当たって，そうした諸変化のうちでもとりわけ本書に関係する部分に関して，この序において言及することを許していただきたい。

　まず第 1 点目は，反捕鯨活動を行う団体の変遷推移である。2003 年頃の日本国の科学的調査捕鯨活動を妨害していたのは，主に「グリーンピース」であった。がその後の 2006 年からは，南氷洋ではグリーンピースに替わって「シーシェパード」が妨害活動を行うようになってきた。加えてシーシェパードの妨害活動は年々過激になり，世界中の注目を一層浴びるようになってきた。その彼らの野望とは，南氷洋に出向いている「日本国の丸腰の調査捕鯨船団」に誰にも邪魔されずに好きなだけ妨害活動を行い，その妨害活動を映像として記録し米国のマスメディア（「アニマル・プラネット・チャンネル」等）に売りたいということである。その為もあり，米国のマスメディアに登場する日本国は，完全なる「ヒール（悪役）」であり，シーシェパードは TV 内正義派である。その対立構図を，筆者は 2008－9 年冬季の米国に長期研究滞在することになった折に，図らずも

第2版の出版にあたり

アニマル・プラネット・チャンネルが放映する「Whale War」において視聴することになった。そこで折角であるので，そのシーシェパードに第2版の表紙を飾ってもらうことにした。何故ならば，反捕鯨意識の分析が本書の目的であり，彼らもそうした対象の一部でもあるからだ。

次に第2点目である。それは捕鯨を巡る日本国側の研究の進展である。日本国が調査捕鯨船団を守る護衛艦を南氷洋に送る事は出来ないとしても，捕鯨全般に関する研究を日本国内で進める事は出来る。事実2004年以来，捕鯨関係研究者達による画期的企画がなされ，新たな研究成果も世に出てきつつある。ここではその全てを紹介することは出来ないが，国立民俗学博物館の研究プロジェクト（「世界の捕鯨文化に関する実践人類学」）による諸発見も，そのような研究成果の1つである。筆者もこのプロジェクトに参加して，世界の捕鯨文化や反捕鯨問題等に関するさらなる知見を得ることになった。そのような知見も参考にして，筆者は本書の内容を実証的に傍証できる研究成果を出版してみた。それは，『アメリカ白人による日本批判―民族間関係の研究』（成山堂書店，2010年）である。同書は，アメリカ白人の生物意識のどの部分が彼らをして日本批判に駆り立てるのかについての解明を試みたものである。内容からしても同書の方が，本書出版以前に出版されるべきであった実証研究を多く含んでいる。そこでそこから一部を取り出し，本書の第3章前半部分に加えて，本書全体を実証的に強化した。

「捕鯨問題」および「反捕鯨問題」との2領域の研究は，日進月歩の進歩をしていく。その進歩に追いつくためにも今後とも精進をしていくつもりであるが，とりあえずこの第2版は「表紙の変換」と「第3章の実証的強化」とにより，初版の内容をさらに進めることができた。本書がこの研究領域の進展に貢献できることを，筆者は切に願う次第である。

青森公立大学　経営経済学部教授　丹野　大

目　　次

　第 2 版の出版にあたり

序言 ……………………………………………………………………… 1

　Ⅰ．捕鯨を巡る日米間の歴史的関係において本書が占める位置……… 1
　Ⅱ．もう 1 つの「希少資源問題」なのか？ ………………………… 3
　Ⅲ．「通説（Folk Model）」のテスト………………………………… 4
　Ⅳ．本書を読み進めるうえで ………………………………………… 6

第 1 章　アメリカ人による日本叩き：日本叩きとしての
　　　　反捕鯨問題 ……………………………………………………11

　1 節　1980 年代後半の日本叩き …………………………………13
　2 節　「日本叩き」についての既存研究 ……………………………14
　3 節　日本叩きとは………………………………………………………16
　4 節　2 種類の日本叩き ………………………………………………17
　5 節　何がアメリカ人による日本人異質論・日本叩きを促した
　　　　のか？ ………………………………………………………………19

第 2 章　反捕鯨意識を論ずる場合の社会科学的方法 ……………23

　1 節　自然科学と社会科学の違い……………………………………25
　2 節　社会科学のもう 1 つの使命とは………………………………27
　3 節　本研究が依拠したアメリカ人サンプルとは……………………29
　4 節　マス・メディアと社会科学との違い……………………………32

目　次

　　5節　章の結論 …………………………………………………34

第3章　食糧分配における生物意識から見えてくる
　　　　アメリカ人の反捕鯨意識 …………………………35

　Ⅰ．食糧分配から見た「人種差別」…………………………37
　　1節　日米の民族間関係：戦前の「人種"間"差別」の一例………38
　　2節　日米の民族間関係：戦後の「人種"間"差別」の一例………39
　　3節　「人種差別」の定義 ……………………………………40
　　4節　進化と遺伝的距離 ………………………………………41
　　5節　アメリカ合衆国による世界戦略としての食糧（分配）政策…42
　　6節　日米間の「Food Sharing」はありえるのか？…………44
　　7節　定立されたリサーチ・クエスチョンと仮説 …………45
　　8節　方法論：「使用したデータ」と「国の分類」…………47
　　9節　データ分析の結果 ………………………………………49
　　10節　結論 ………………………………………………………53
　Ⅱ．反捕鯨問題における「人種差別」………………………55
　　1節　「捕鯨問題」と「反捕鯨問題」の区別 ………………55
　　2節　日本人の主張とそれへの反論 …………………………57
　　3節　定立されたリサーチ・クエスチョンとテストされた仮説 …59
　　4節　方法論：用語の定義（操作化）/データの収集/数値の意味 …60
　　5節　データ分析の結果 ………………………………………65
　　6節　結論：リサーチ・クエスチョンへの回答 ……………68
　Ⅲ．第3章全体の結論 …………………………………………69

第4章　反捕鯨意識についての「指標」をつくる：「説明
　　　　されるべきもの」………………………………………73

　　1節　何が研究対象であるのか………………………………75

2節　操作化の問題：抽象的概念の測定方法（「指標」を作る）……77
　3節　関係しそうな陳述（Statements）を集める …………………79
　4節　反対陳述項目も試してみる…………………………………79
　5節　因子分析をする………………………………………………80
　6節　相関係数から内的整合性を計算する………………………82
　7節　章の結論………………………………………………………83

第5章　反捕鯨意識についての「指標」をつくる：「説明するもの」……………………………………………………………85

　1節　幾つかの疑わしき要因（反捕鯨意識を高めるものと目されている要因）……………………………………87
　2節　「動物権の保護」の指標つくり ……………………………89
　3節　「鯨の擬人化」の指標つくり ………………………………90
　4節　「反捕鯨についての文化帝国主義」の指標つくり …………92
　5節　章の結論：「説明する」側の要因としての3つの指標 ………94

第6章　捕鯨反対を促す諸要因の関係：パス・モデルの試み……………………………………………………………………97

　1節　「疑わしき3要因」と「捕鯨容認」との関係 ………………99
　2節　パス・モデルの試み …………………………………………101
　3節　テストされた仮説と分析結果 ………………………………103
　4節　章の結論：当座のモデルとしての「浜崎－丹野パス・モデル」………………………………………………………104

第7章　他の捕鯨民族による捕鯨に反対する場合と比べて、アメリカ人が日本人の捕鯨に反対する特別な理由はあるのか？………………………………………107

目　次

　　　1節　何が問題なのか（Research Questions）………………109
　　　2節　如何なる仮説がテストされたか？ ……………………110
　　　3節　分析結果 ……………………………………………………111
　　　4節　章の結論 ……………………………………………………114

第8章　国際経営の観点から見た「反捕鯨についての文化
　　　　帝国主義」の意味 ………………………………………………117

　　　1節　「国際経営」における「文化の違い」が引き起こす問題……119
　　　2節　「文化」のもつ意義 ………………………………………120
　　　3節　何故「文化帝国主義」が問題になるのか？ ……………122
　　　4節　捕鯨と「世界商品」 ………………………………………123
　　　5節　捕鯨の何が「アメリカ人による日本叩き」を
　　　　　　促したのか？ ………………………………………………125
　　　6節　章の結論 ……………………………………………………128

第9章　鯨保護意識におけるアメリカ人の「経済的御都合
　　　　主義」………………………………………………………………131

　　　1節　国際捕鯨委員会において「勝手にゴールポストを
　　　　　　動かす」アメリカ人 ………………………………………133
　　　2節　アメリカ人は経済的利害に聡い，そこでテストした
　　　　　　仮説とは ……………………………………………………134
　　　3節　指標の確定作業 ……………………………………………136
　　　4節　分析結果 ……………………………………………………138
　　　5節　章の結論 ……………………………………………………139

第10章　極東ロシア人の場合にはどうであったのか？ ………141

　　　1節　ロシアの捕鯨 ………………………………………………143

2節	調査における3つの焦点 ………………………	145
3節	誰が回答者達であったのか ………………………	146
4節	分析結果 ………………………	147
5節	章の結論 ………………………	154

第11章　捕鯨国と反捕鯨国との文化的亀裂 …………… 157

1節	FreemanとKellertの研究 ………………………	159
2節	指標を作る ………………………	161
3節	テストされた仮説 ………………………	165
4節	分析結果 ………………………	166
5節	章の結論：捕鯨についての文化的亀裂の中でのアメリカ人とは ………………………	171

第12章　結　論 ……………………… 173

1節	データ分析が示唆しているもの ………………………	175
2節	方法論上の問題点と含意 ………………………	178
3節	データ分析の結果を超えた示唆と提言 ………………………	180

謝辞

索引

――In God We Trust...All Others Bring Data.――
(American Statistical Association)

序言

I．捕鯨を巡る日米間の歴史的関係において本書が占める位置

　本書は，主にアメリカ人の反捕鯨意識について一般に言われてきた「俗説（Folk Assumption）」と「通説（Folk Model）」をテストした結果を記した社会科学の研究書である。研究書ではあるが，この何十年間も日本が直面してきたアメリカ人の「反捕鯨運動意識の奥底にあるもの」を一般読者向けに記しているので，出来るだけ多くの方々に読んでいただきたいと筆者は願っている。つまり本書は，捕鯨問題や反捕鯨運動を巡る論争についての見聞録でもなければ，クジラについての生物学的あるいは生態学的研究でもない。誤解が生じないように，何よりもまずこの点を明記しておきたい。

　日本とアメリカ合衆国とが「鯨の捕獲」を巡って対立したのは，大別すれば日米関係史上2回ある。1回目は，アメリカ合衆国の捕鯨産業が「世界商品」（詳細な定義は後述）となった「鯨油」の原料としての鯨を求めて日本の近海に至り日本に開国を迫った19世紀半ばである。2回目は，「鯨油」の「世界商品」としての価値が失われたため，アメリカ合衆国の捕鯨産業が捕鯨事業と所謂「捕鯨オリンピック」から撤退した後の20世紀の第4四半期に，日本の捕鯨産業を批判した時である。第1回目の対立はアメリカ合衆国の捕鯨産業の「発展期」に「鯨油」の商品価値があったが故に起こり，第2回目の対立は「鯨油」の商品価値が失われたが故にア

序　言

メリカ合衆国の捕鯨産業が衰退した後に起こった。「鯨油」という商品の市場価値の有無に違いはあれ，これらのいずれもがアメリカ合衆国外交の「御都合主義（Opportunism）」により展開されたものである。

　第1回目の対立については，「幕末史」としても多くの著作の中で描かれている[1]。第2回目の対立については，「捕鯨賛成」か「捕鯨反対」かという観点から，国内外の多くの著作の中で論じられている[2]。この第1回目の対立時期のアメリカ人の意識も調べられるべきであった。だがそれは到底かなわぬ故に，せめても第2回目の対立に当たる現在のデータ分析が今後のためにもなされるべきなのである。何故ならば，第1回目の対立にせよ第2回目の対立にせよそのいずれにせよ，一般のアメリカ人が捕鯨問題や反捕鯨問題について何を考えているのかに関する推測統計学を使用した因果的分析は少ないからである[3]。本書は，この第2回目の対立に当たる現在において，一般のアメリカ人が日本人に対して「君らはもう鯨を捕るな」という反捕鯨的立場をとる時に，彼らの意識の奥底に潜むものの解明を試みたものである。加えて本書は，同じ事をロシア人の場合で調べてみた結果についても記している。

　これら2つの民族の反捕鯨的立場を調べてみた時，反捕鯨を人々が言う時の意識の奥底にあるものが，従来の「単なる憶測」の域を超えたところで分かってきた。その中には意外なものもあれば，予想通りというものもある。まずは，それらをここに記した。本来であるならば，この第1回目の対立に当たる時期のアメリカ人の意識も調べられるべきであったろうが，それは到底かなわぬこと故に，せめても第2回目の対立に当たる現在のアメリカ人についてのデータ分析が，今後のためにもなされるべきなのである。それを試みたのが本書なのである。

II．もう１つの「希少資源問題」なのか？

　これまでも世界中の多くの人々が平和を祈り願ってきたが，世界平和は達成されたことなどなく，むしろ人類史は諸民族間での紛争と戦いの歴史であった。事実，人類の諸民族は「希少資源」を巡ってお互いに常に争いを続けてきた。とりわけその希少資源の獲得が各民族の生存に必要不可欠な場合には，諸民族間で熾烈な争いが起きる。そこで仮に百歩譲って，生存に必要不可欠な希少資源を巡る争いを，ある程度やむをえないものとしよう。だが，生存に必要不可欠な希少資源ではないものを巡って，諸民族間で争いが起きるのは一体何故なのであろうか？　生存に必要不可欠な希少資源ではないものを巡って，何故に人々や民族間で争いが起きてしまうのか？　摩訶不思議というものである。「平和が達成されないこと」を嘆くよりも，何故に諸民族間で「生存に必要不可欠でない資源」を巡って争いが起きるのかについて研究した方がよさそうである。平和を祈る儀式を無意識に繰り返すよりも１回の研究を行う方が有益である。

　今日の日本が直面している反捕鯨問題とは，まさしくこの「ある民族の生存のために必要不可欠な希少資源ではないもの」を巡る各民族間の争いになってきている。まず鯨自体が，幾つかの絶滅危惧種を除けば，以前とは異なり，もはや希少資源ではない。1987年から現在に渡り南氷洋においてなされた「ミンク鯨捕獲調査」によっても，ある種の鯨は有り余るほどであることが判明している。またある種の鯨は，魚を巡って人間と競合関係にすらある，と言われている[4]。また，ある民族（例えばスイス人やオーストリア人）の生存にとって，鯨の獲得が何ら必要不可欠なものですらない。つまり，その獲得を目指したりまた他の民族が獲得を目指して行う努力を阻止する理由など，本来どこにも無いはずなのである。しかし，ある一民族が鯨を捕ろうとすると，ある他の民族は「それは許さない」

序言

と主張してくる。日本人が鯨を捕ろうとすると，鯨を必要としないある他の民族によって「それは許さない」と言われていることが，現在の日本が直面している反捕鯨問題なのである。これは摩訶不思議というものである。

III.「通説 (Folk Model)」のテスト

では，この一見して摩訶不思議な状況は何故生じたのであろうか？ この問いに関する答えは，これまで多くの研究者によりなされてきた。1つには，「反捕鯨運動とは自然保護運動の一環である」という見解がある[5]。地球環境を守る運動が1960年代以降に盛んになってきたことを思えば，そうかもしれない。またもう1つには「そもそも，これはある有力な人々による陰謀である」という見解もある[6]。財の分配がある有力な人々の政治的思惑で決められることが世の常であるので，この見解にも極めて高い蓋然性がある。だが本書はこれら諸見解を繰り返すものではない。本書が目指すものは，冒頭で記したように，「では，有力ではない一般の人々までも，何故日本人による捕鯨に反対してくるのか」という点について一般的に言われてきた通説と俗説のテストである。これまで通説と俗説についての見解もある程度は発表されてきたが，それは見解を述べる側の憶測の域を出ない形でなされてきた。本書は，この「憶測の域を出ていなかった」点についての回答を，「憶測」ではなく，現実の人々から集めたデータとそれの社会統計学的分析結果に基づいて試みたものである。

日本人による捕鯨に対して他の民族が反対してくる主なる理由としては，日本人側からは，大きくはこれまで2つの点が挙げられてきた。1つは「日本人に対する人種・民族差別の故であり」，もう1つは「他の民族の文化を認めようとしない所謂"文化帝国主義"の故である」というものである[7]。従ってこれらの見解は，日本人の「Folk Model（ある民族に

Ⅲ.「通説（Folk Model）」のテスト

よって主張されているが科学的テストをうけていないモデル)」である。これらの Folk Model をテストするために，実際にアメリカ人と極東地域のロシア人からアンケート調査によりデータを集め分析した結果を，本書は記している。分析結果の答えは，「その通り」というものである。勿論，今後とも世界各国からより多くのデータを集めて，この答えの妥当性をさらにテストしていくことが望ましい。だが本書は，現時点までに解明されたものを世の読者に知っていただくために記したものである。また上記の発見以外でも，極めて興味深い諸発見があったので，それらを読者には知っていただきたい。

　本書は「通説のテスト」とはいえその分析結果を記したものであるので，単に「意見を述べている本」ではないことを明記しておきたい。また「意見を述べること」と「データ分析の結果を述べること」とは別物であることも読者に理解していただきたい。この違いをある一例をもって記そう。筆者は 2000 年の 8 月にある地方のテレビ番組に出演した時，知らぬ間に筆者がその番組の中で「意見という解答」を述べることになっていた。筆者の答えは「データ分析もせずに如何なる解答も出来るわけがない。今ここで意見だけを述べて視聴者に誤解を与えるようなことになってはいけない」というものであった。筆者のこの回答は司会者を失望させることとなったが，「意見を述べること」が大学人に対する日本のマス・メディアのおおよその姿勢であることが分かり，それ以降はこの類のテレビ番組には参加しないことにした。筆者は「意見を述べてはいけない」と主張しているのではない。「意見を述べること」と「データ分析の結果を述べること」とは峻別されるべきである，と言いたいのである。峻別した方が，より正確な判断が出来るからである。この点の峻別は，取り分け「意見を述べる側」が，「意見を聞く側」に伝えた方がよい。「意見とは，百万回言おうとも，やはり意見でしかない」ということである。

序　言

IV. 本書を読み進めるうえで

　本書は，序言の末尾に示されているように，丹野大が1992年に邦文で出版した単著の論文と1992年以降に何人かの共同研究者と共に英文の学術誌に発表してきた幾つかの論文を基礎にしてそれらに加筆したものである。論の性質上，どうしても社会統計学など社会科学に特有な幾つかの方法を使用しているので，これに不慣れな一般読者にはかなり読みにくいものとなっているかもしれない。その場合には，社会統計学などの言葉を気にせずに読み飛ばして，むしろ「社会科学的方法を使用した場合の通説（Folk Model）と俗説（Folk Assumption）をテストすること」の方を楽しんでいただきたい。そのための手助けとして，各章ごとの冒頭に「要約」を書き込んでいるので，そこの部分をまず読んでいただきたい。その「要約」と各章の末にある「章の結論」を読んでいただければ，大体のことは把握出来るであろう。

　本書において使用されている幾つかの類似した用語の意味上の違いをここで明確にしておく。まず「捕鯨問題」と「反捕鯨問題」との違いについてである。「捕鯨問題」とは，本書では主に「捕鯨の是非を論じている問題」を意味するものとして使用している。一方「反捕鯨問題」とは，「反捕鯨を支持する人々による反捕鯨意識や活動に捕鯨民族が出会うこと」を意味するものとして使用されている。つまり，この「反捕鯨問題」が日本人にとっての問題なのである。次に「筆者」と「我々」との区別である。文中において本書は時折「我々」と記している個所がある。その場合の「我々」とは，「筆者の共同研究者である浜崎俊秀と筆者」の2人のことを意味する。なんとなれば，日本語での出版は丹野大が担当しているが，今回の研究はそもそも浜崎俊秀との共同研究の形において進められてきたからである。最後に，「アメリカ人」と「アメリカ合衆国」との違いについ

IV. 本書を読み進めるうえで

てである。普通の場合では，日本人は，「アメリカ人」と「アメリカ合衆国」を殆ど同義と考えているかもしれない。しかし，本書ではこれら2つの用語を区分している。というのも本書は「アメリカ人の反捕鯨意識」を研究対象としているのであり，「アメリカ合衆国による反捕鯨についての外交政策」それ自体を研究対象としている訳ではないからである。このような区分が生じたのは，我々がアメリカ合衆国の反捕鯨の外交政策に接するというよりも，むしろ日常的にアメリカ人と接していて，アメリカ人からデータを採ることに慣れていたためである。取り分け筆者は，1984年春3月より1998年8月までアメリカ合衆国で暮らし，かの地の大学において勉強や研究をし，さらにその何年間かを教員として働いていた。本書は我々のこの生活形態からも生まれてきたものである。

人は，未解明な通説や俗説があればその謎解きをしてみたくなる。社会科学とは，そのためにデータを集め分析してその未解明な通説や俗説の謎解きを行う道具であることを，理解していただければ幸いである。本書が，完全なる謎解きをしたと主張出来ないまでも，その手掛かりを提供していることを理解していただければ至福である。

(青森公立大学　経営経済学部教授　丹野　大)

1992 「日本人異質論の是非」(丹野大)，『第12回懸賞論文 受賞論文集』(財団法人東京海上各務記念財団) 251-290 頁，有斐閣。

1992 "How Two Regions Respond to Japan's Economic Expansion in the U.S.A.: A Comparison of the Sunbelt with the Frostbelt," (D.Tanno & A. Moghtasset), *Urban Anthropology and Studies of Cultural Systems and World Economic Development*, Vol.21, No.2, pp.181-201.

1996 "Economic and Racial Reasons for the White American Public's Intolerant Attitudes Toward Japan's Economic Expansion in the U.S.A," (D. Tanno, T.Hamazaki, & T.Takahashi), *International Journal of Group Tensions*, Vol.26, No.3, pp.169-181.

1997 "What Underlies the White American Public's Negative Attitudes Toward Japan's Domestic Market?" (D.Tanno, T.Hamazaki, & T.Takahashi), *International Journal of Group Tensions*, Vol.27, No.1, pp.3-18.

序　言

2000 "Is American Opposition to Whaling Anti-Japanese？" (D.Tanno & T.Hamazaki), *Asian Affairs*, Vol.27, No.2, pp.81-92.
2001 "Approval of Whaling and Whaling-related Beliefs: Public Opinion in Whaling and Non-whaling Countries," (T.Hamazaki & D.Tanno), *Human Dimensions of Wildlife*, Vol.6, No.2, pp.131-144.
2002 "Totemization of Wildlife and NIMBY Among U.S. College Students," (T.Hamazaki & D.Tanno), *Human Dimensions of Wildlife*, Vol.7, No.2, pp.107-121.

参考・引用文献
(1) この諸例としては，以下のものがある。中浜博『私のジョン万次郎――子孫が明かす漂流の真実――』(小学館，1994年)。平尾信子『黒船前夜の出会い　捕鯨船長クーパーの来航』(NHKブックス，日本放送出版協会，1994年)。田中弘之『幕末の小笠原　欧米の捕鯨船で栄えた緑の島』(中公新書，中央公論，1997年)。大江志乃夫『ペリー艦隊大航海記』(朝日文庫，2000年)。
(2) この点での著作は数多くありすぎるが，国内での諸例としては，以下のものを参考。原剛『ザ・クジラ　海に映った日本人』(文眞堂，1983年)。土井全二郎『さいごの捕鯨船』(筑摩書房，1987年)。C.W.ニコル『C.W.ニコルの海洋記』(講談社文庫，竹内和世／宮崎一老訳，1990年)。藤原英司『海からの使者　イルカ』(朝日文庫，1993年)。海外で発表された研究としては，以下のものを参考。Barstow, R. (1989), "Beyond whale species survival: Peaceful coexistence and mutual enrichment as a basis for human/cetacean relations", *Sonar*, 2: 10-13. Callicott, J.B. (1997), "Whaling in sand country: A dialectical hunt for land ethical answers to questions about the morality of Norwegian minke whale catching", *Colorado Journal of Environmental Law and Policy*, 8: 1-30. D'Amato, A. and Chopra, S.K. (1991), "Whales: Their emerging right to life", *The American Journal of International Law*, 85: 21-62. Glass, K. and Englund, K. (1989), "Why the Japanese are so stubborn about whaling", *Oceanus*, 32: 45-51. Glass, K. and Englund, K. (1991), "Whaling: the cultural gulf", *Australian Natural History*, 23: 664. Ris, M. (1993), "Conflicting cultural values: Whale totemism in north Norway", *Arctic*, 46: 156-163.
(3) アメリカ人からデータを集めた研究としては，次のものがある。Responsive Management. (1993), "Knowledge of whales and whaling and opinions of minke whale harvest among residents of Australia, France, the United Kingdom, and the United States", Responsive Management. だがこの研究では，推測的統計学を使用した因果的分析がなされていない。
(4) 小松正之『クジラは食べていい』(宝島社新書，2000年)。海の幸に感謝する会『漁業者と生活を結ぶおさかな通信 Gyo』No.4. (2001年) およびNo.6. (2002年)。
(5) この見解は，次のものによる。原剛『ザ・クジラ　海に映った日本人』(文眞堂，

1983年）。
(6) この見解は，次のものによる。小松正之『クジラは食べていい』（宝島社新書，2000年）。梅崎義人『動物保護運動の虚像 ——その源流と真の狙い——』（成山堂書店，2001年）。森下丈二『なぜクジラは座礁するのか？「反捕鯨」の悲劇』（河出書房新社，2002年）。
(7) この見解は次のものによる。Komatsu, M. and Misaki, S. (2002), *The Truth Behind the Whaling Dispute*, Institute of Cetacean Research. Yamamoto, S. (1985), "Preservation of our traditional whaling", *The Whaling-Culture*, pp.12-13, Japan Whaling Association.

第1章
アメリカ人による日本叩き：
日本叩きとしての反捕鯨問題

第53回国際捕鯨委員会年次会合・ロンドン会議の際に場外において行われた反捕鯨デモ
（写真提供・日本捕鯨協会）

要　約　「日本叩き（Japan-Bashing）」とは,「複数の民族がある特定の同じことをしている状況下において，ある他の民族にはそれをすることが許されていても，日本人にはそれをすることが許されていない場合か，あるいは日本人の方がより強い批判と反対を蒙る場合」と定義される。その日本叩きには2種類ありうる。1つは「あからさまな日本叩き（Manifest Japan-Bashing）」であり，もう1つは「暗黙的日本叩き（Implicit Japan-Bashing）」である。アメリカ人による日本人への反捕鯨意識は，これらの2種類で起こりうる。日本人は歴史的にみても，アメリカ人によるこの「日本叩き（Japan-Bashing）」に出会う理由があった。

1節　1980年代後半の日本叩き

　「アメリカ人による日本叩き」が猖獗(しょうけつ)を極めたのは,「プラザ合意」が1985年に結ばれた後の1980年代の後半であった。かのプラザ合意が日本の企業の米国進出を加速したために，大小無数の日系企業が怒涛のごとくアメリカ合衆国に渡り，あちらこちらでオフィスを開いたり工場を建てたりした。そのためアメリカ合衆国の市場は日本ブランドの製品で溢れていた。「Honda Accord」を持つことが「American Dreams」の1つと思われていた頃である。

　そのような中で，幾つかの象徴的な事件が起こった。東芝の関連会社（東芝機械）がココム協定を犯して当時のソ連に「米国海軍が誇る潜水艦探索網にも探知されないスクリューを造る特殊技術を売った」という事件が発覚した。これを機に，アメリカ人の日本人への苛立ちは一気に加速し，首都ワシントンD.C.の連邦政府議事堂前の芝生の上で，アメリカ人国会議員達が「東芝などの日本製品をハンマーで叩き壊す」というパフォーマンスを披露した。加えて，ソニーがColumbia映画社を買収したり，三菱地所がニューヨークのロックフェラー・センターを買収したり

第1章　アメリカ人による日本叩き：日本叩きとしての反捕鯨問題

など，アメリカ合衆国を象徴する不動産を日本企業が買い始めていた。このような日本の企業進出により，アメリカ人による日本人への不信感と苛立ちは募っていた[1]。その上さらに1988年には，盛田昭夫と石原慎太郎による『「NO」と言える日本』が英訳されてアメリカ合衆国で読まれるにつれ，アメリカ人は，日本人への不信感を増加させていった。ここまではつとに有名な話である。

　盛田と石原の本は，火に油を注ぐものとなってしまい，さらに多くの「日本叩き」の類書がアメリカ人により出版された。それに対応して，多くの日本人研究者や識者も，このアメリカ人の日本叩きについては，様々な見解を述べだした。その見解の多くは，「日本側の問題としての日本市場の閉鎖性と過激なまでの米国市場進出」や「アメリカ合衆国側の問題としての米国経済力の弱体化」などによる「日米間の経済貿易摩擦が，日本叩きを生む」というものであった[2]。だが，経済摩擦が真の理由であるならば，カナダやオランダやイギリスからの投資も，同じように，叩かれるべきものになるはずであったが，そうはならなかった。日本だけが「叩かれた」。

2節　「日本叩き」についての既存研究

　「日本叩き」を扱っている著作は無数にあり，また「日本叩き発生の諸因」についての研究も数多くあるが，「日本叩き」を測定できる程に明確に定義をした研究は無い。かの有名な「日本叩き4人組」ですらも，「日本叩き」を出版を通じて行ってはいても，論の性質上，明確に測定してはいない[3]。「日本叩き4人組」以外で，「叩き」という表現を著作のタイトルの中に明記している著作としては，日米では，次の2つの著作が比較的に有名である。米国人のものではクリントン内閣の時に活躍したLaura D.Tysonによる *WHO's BASHING WHOM ? : Trade Conflict in High*

Technology Industries (Institute for International Economics, 1992年) が有名であり，日本人のものでは，下村満子による『日本叩きの深層：アメリカ人の日本観』(朝日新聞社, 1990年) が有名である。しかし，Tyson の著作は，High Technology 産業の分野において，アメリカの企業が日本の企業に負けていることに憤激を表明はしているが，「日本叩き」が何であるのかについては，やはり測定可能な定義をしていない。下村の著作は，アメリカ人のオピニオン・リーダーや一般の人々から様々な意見を聞くという点での貴重な資料的価値を提供してはいるものの，何をもって「日本叩き」とするのかについての明確な定義を避けているし，測定を試みていない。むしろ定義困難という扱いをしている。その一例を少し見てみよう。

　米国日産のテネシー州・スマーナ工場のソマー副社長の弁を次のように引用している。(下村)「アメリカでいまジャパン・バッシングが起こっていると，多くの日本人は感じているのですが，どう思いますか。ここテネシー州はどうですか」。(ソマー)「何よりも，まず『ジャパン・バッシング』とはどういう意味なのか，定義するのはとても難しい。ずいぶんいろいろ違った解釈があるのではないだろうか。特にアメリカは，政治，経済，社会の全ての面で開かれているので，何事につけ，あけっぴろげの議論をする。当然，さまざまな意見が出てくる。みな勝手にいいたいことをいう。日米関係についても，否定的な意見，肯定的な意見，問題の指摘など，いろいろ出てくるのはきわめてノーマルなことではないかと思う」(同著，83 頁)。

　もう一例挙げてみよう。ジミー・カーター政権下で国務長官を務めたサイラス・ヴァンス氏に質問した部分である。(下村)「ジャパン・バッシングとは，何なのですか」。(ヴァンス)「感情的なものと結びついたものをバッシングという。例えば，アメリカがもはや競争力を失い，日本にやられてしまうのでは，という恐れの気持ちなどと結びつくと冷静さを欠く非

難になる。こうした声は議会で利用されやすい。これと正当な批判とを混同してはいけない。それに，日本にもアメリカ・バッシングがある。お互いさまだ」（下村，前掲書，168頁）。

　このように研究者やオピニオン・リーダーですらも，明確な定義をせずに「日本叩き」という言葉を使用している。当然，一般の人々はこの用語をなんとなくあるいは慣例的に使用しているにすぎない。ましてや測定方法のことまでは，普通では議論されない。

3節　日本叩きとは

　そこでまず「日本叩き」を定義してみよう。「日本叩き」とは，「複数の民族がある特定の同じことをしている状況下において，ある他の民族にはそれをすることが許されていても，日本人にはそれをすることが許されていない場合か，あるいは日本人の方がより強い批判と反対を蒙る場合」とする。つまり「日本叩き」とは「他の民族には許されていても，日本人だけには許されていないか，あるいは日本人が選別的により強い批判や反対の対象となること」なのである。捕鯨問題はその一例にすぎない。アラスカのイヌイット人には許されていても，日本人には許されるべきでない，等の例がそれに当たる。「何故ならば，アラスカのイヌイット人は，生存のための先住民生存捕鯨（Aboriginal Whaling）であるが，日本人の沿岸捕鯨は商業捕鯨であるから」というのが，日本人による捕鯨を叩く人々の根拠の1つである[4]。これが典型的な日本叩きなのである。カナダ人やオランダ人やイギリス人がアメリカ合衆国に海外直接投資（FDI）しても，アメリカ人から嫌がられることはないが，日本人が同じ事をすると嫌がられ，かつ「日本からの直接投資だけはもう沢山だ」となる。これも日本叩きの例である。これをダブル・スタンダードと呼ぶ人もいるようだが，正にこれこそが日本叩きの実例なのである。

前述した東芝機械のココム協定違反の時に，当の東芝アメリカ社の中でアメリカ人による「日本叩き」を経験したアメリカ人ジョン・レーフェルド氏は次のように述べている。「例の東芝機械のココム違反事件を，私は東芝の中にいて経験したわけだが，あれは明らかに『ジャパン・バッシング』だった。東芝がココム規制違反をしたのは事実だ。が，違反をしている国はフランスなど他にもたくさんある。東芝機械事件では，ノルウェーも同罪だった。だからといって東芝を正当化するという意味ではない。しかし同じことをした結果，東芝だけがことさらひどくたたかれたことは事実だ」（下村満子，前掲書，108頁）。
　同じように，E. ライシャワーは答えている「ジャパン・バッシングには明らかに人種的偏見がからんでいる。ロックフェラーセンターをイギリスの企業が買ったら，あのような大ニュースにならなかっただろう。」（下村満子，前掲書，214頁）。つまり，同じことをしても，ある他の民族は許され，日本人は許されない，あるいはより強く批判される。これが日本叩きなのである。

4節　2種類の日本叩き

　冒頭の要約の部分でも述べたように，日本叩きには，2種類あると考えてよい。1つは「あからさまな日本叩き（Manifest Japan-Bashing）」であり，もう1つは「暗黙的日本叩き（Implicit Japan-Bashing）」である。「あからさまな日本叩き」とは，文字通り「言葉でも行動でも示す判然と分かる日本叩き」ということである。「暗黙的日本叩き」とは，「言葉でも行動でも示しはしないが意識下にある日本叩き」ということである。
　「あからさまな日本叩き（Manifest Japan-Bashing）」の具体的事例を挙げてみよう。アメリカ人国会議員達が，連邦政府議事堂前の芝生の上で，日本の製品をハンマーで叩いてぶち壊すなどの示威行動は，勿論「あ

第1章 アメリカ人による日本叩き：日本叩きとしての反捕鯨問題

からさまな日本叩き」である。とりわけ，オピニオン・リーダーのような人々がそのような示威行動をとった場合には，「あからさまな日本叩き」であると直ぐに分かる。「あからさまな日本叩き」は，オピニオン・リーダーだけに限らない。筆者の個人的経験をもう一例挙げてみよう。これは，1990年代の前半，筆者がまだアメリカ合衆国の大学で教員をしていた頃の話である。筆者が指導していた学生の中に，祖母がオランダに住んでいるオランダ人であるというアメリカ人学生がいた。その学生は，「オランダからの米国への直接投資は今後とも一層歓迎するが，日本からの直接投資はもうやめるべき」と述べていた。これも「あからさまな日本叩き」の一例である。オピニオン・リーダーではなくとも，一般のごく普通の人々でも，このような「あからさまな日本叩き」は出来る。

では，「暗黙的日本叩き（Implicit Japan-Bashing）」の方は如何なるものであろうか？　これは，「目による直接的観察が可能ではない日本叩き」であるので，外部から見た場合での発言では，全く識別できないものなのである。発言ばかりではなく，行動においてもそれと分かる日本叩き（Japan-Bashing）を示さないからである。しかし何かの機会にある事象などについての是非などを測定してみると，「非」とする度合いが，他の民族に対してよりも日本人に対しての方が強い場合がある。これが「暗黙的日本叩き」である。従ってこれは，何らかの形において「測定してみるまでは分からない代物」なのである。

日本人が直面している反捕鯨運動は，実はこの「あからさまな日本叩き（Manifest Japan-Bashing）」と「暗黙的日本叩き（Implicit Japan-Bashing）」の両面でなされているのである。環境保護や動物保護を目指すある非政府組織（NGOs）の活動家達は，国際捕鯨委員会（The International Whaling Commission）の場で，時にはこの「Manifest Japan-Bashing」をあからさまに行う。これは，始めから「日本人への嫌がらせ」の意図をもってなされるので，それと直ぐに識別がつく。だが日本人

にとっての問題は,「反捕鯨」が,この「あからさまな日本叩き」だけでは済んではいない,という点にある。「あからさまな日本叩き」を行う人々は,ある程度まで「暗黙的日本叩き」が潜在していることを察知している可能性がある。日本人を苛立たせているものの1つは,この「暗黙的日本叩き」の潜在性を指摘してはきたが,反捕鯨についてのこの「暗黙的日本叩き」を測定出来なかったことにある。

5節　何がアメリカ人による日本人異質論・日本叩きを促したのか？

　一般には,全く根拠無しに他の民族への憎悪など生じる訳はない。日本人のある行動や経済活動が,アメリカ人による日本叩きを生み出したのである。

　日本の経済的発展とは,第二次世界大戦前にもある程度そうであったが,アベグレンが述べているように,第二次世界大戦後にとりわけ欧米人を驚かせた[5]。何よりも彼らを驚かせたことは,彼らが数世紀にわたって創り上げてきた世界システムの中で,非欧米型の社会が彼らと競合しあっていくということである。彼らと伍してなおかつ非欧米性を維持する時,その国は欧米人にとって問題となる。日本叩き4人組の1人であるオランダ人のウォルフェレンは,日本は世界経済に参加した後も,欧米型の政治形態をつくり上げてこなかったと指摘し,もう1人の米国人のプレストウィッツは,日本は世界経済システムに参加していながらも,その世界経済システムのルール通りには行動していないと論難している。つまり彼らの日本人異質論の根底には,「欧米化すべき」という自文化中心主義が抜き難く潜んでいる。

　第二次世界大戦後の「経済社会変化についての社会科学理論」が直面したパラダイム転換は,大きく言えば2回ある。1回目は,ロストウの「近

第 1 章 アメリカ人による日本叩き：日本叩きとしての反捕鯨問題

代化論」の破綻に示されているように，全ての社会が必ずしも欧米並みに経済発展をとげるものではないという事実に直面した時。2回目は逆に，欧米ではない社会でも，欧米の産業によって製造されるもの以上に優れた工業製品を製造し，かつそれによって世界システムの中核の位置を占めることが出来る，という事実に直面した時。前者に直面した時に，「近代化論」から「世界システム論」へというパラダイム転換が起こった。後者に直面した時に，「世界の三極化」を示唆する枠組みが認められ出した。これを 1980 年代からの 10 年間に引き起こしたのが日本という訳である。

　非欧米型の社会が，欧米産業によって製造される工業製品以上に優れた製品を造り出せるという現実が，欧米人に与えたショックは小さくはなかった。これは喩えて言えば，「自動車を生産するのに，ゼネラル・モータースのマネジメントや組織構造をまねる必要はない」ことと思ってもらえばよい。さらによりくだけた表現を使うならば，次のことと思ってもらいたい。スパゲティ・ヌードルを食べる際にある人はフォークを使うかもしれない。しかし他のある人は箸を使うかもしれない。だが全く異なる道具を使おうとも，同一の機能（ヌードルを食べること）を果たせる。いやむしろ箸を使った方が，より上手に食べることが出来る人々もいる。このことは，欧米人にとってはショックだった。

　こうした現実に直面した欧米人には大別すれば，2つの型があらわれた。1つは「ならばその社会から学べ」であり，もう1つは「ならばその社会を批判せよ」である。前者は，1960 年代から 80 年代の初めにかけて盛んであった「日本人礼賛用日本人論」であり，後者は 80 年代後半に顕在化してきた「日本叩き用の日本人異質論・日本見直し論」である。繰り返すが，そのいずれもが，「欧米化しないもの」への直面からうまれたことに変りはない。このように「欧米化しないのは何故か」という前提がある限り，バイアスのかかった結論がでてきても不思議ではない。

　日本人にとって皮肉であったのは，日本人が国際環境問題において犯し

た失敗が世界のある人々の意識の中に刷り込まれ，捕鯨についても誤解を生み続けていることである。Jennifer Bailey と Brad McKay も，我々への批判論文 "Are Japanese Attitudes Toward Whaling American-Bashing？ A Response to Tanno and Hamazaki" (*Asian Affairs*, 29 巻第 3 号：148-158 頁) において，その旨を「日本人は国際的な環境問題については悪評ものである」(前掲論文 156 頁) と表明している。つまりある人々の間では国際環境問題が「日本人への猜疑心」の源となって今でも消えずに心の中深く残されている。かくして 1982 年の捕鯨モラトリアム開始後に採用された日本の「調査捕鯨」も，その意図が理解されずに常に反捕鯨運動の人々により猜疑の目でもって見られてきたことである。日本の調査捕鯨についての猜疑は，過去 20 年間多くの場合で表明されてきた。この誤解は今でも頻繁にみられる。例えば 2003 年に出版された *The Whaling Season* (Kieran Mulvaney 著, Island Press, 2003 年) の表紙裏には次のように書かれている。「南極を取り囲む幾つかの海では，致命的な実践が継続している。商業捕鯨についての国際的モラトリアムにも拘わらず，南氷洋では一船団が鯨を追い殺すことに固執している」。日本の調査捕鯨は，いまでも多くの人々から「商業捕鯨」とみなされているのである。

日本叩きの背景にはこのようなものがあり，さらにこれらに「環境保護運動」のシンボルとなった鯨の保護運動も加わり，日本をターゲットにした反捕鯨運動がなされてきた。反捕鯨運動に関わる問題は，単に「捕鯨」だけの問題ではなく，日本という非西洋型の社会が西洋が作り出した枠組みに挑戦をした歴史的背景の中で考えた方が分かり易い。つまり「欧華思想と体制」に挑戦する限り，日本は叩かれることを覚悟しなければならない。

参考・引用文献
(1) NHK 日本プロジェクト取材班　磯村尚徳　『世界の中の日本　アメリカからの警

第1章 アメリカ人による日本叩き：日本叩きとしての反捕鯨問題

告』(NHK, 1986年)。
(2) この見解としては次のものがある。安藤博『日米情報摩擦』(岩波書店, 1991年)。浅井基文『アメリカが日本を叩く本当の理由』(ゴマ書房, 1990年)。板坂元『日米文化摩擦の根っこ』(講談社, 1989年)。黒田眞『日米関係の考え方：貿易摩擦を生きて』(有斐閣書店, 1989年)。志知朝江『異文化シンドローム――日米摩擦の渦の中で――』(北泉社, 1989年)。大来佐武郎『アメリカの論理 日本の対応』(ジャパン・タイムズ, 1989年)。関下稔『日米経済摩擦の新展開』(大月書店, 1989年)。
(3) Johnson, C. (1995), *Japan : Who Governs ? : The Rise of the Developmental State*, Norton. Fallows, J. (1986), "The Japanese are different from you and me", *The Atlantic Monthly*, September, pp.35-41. Prestowitz, C. V. (1987), *Trading Places: How We Are Giving Our Future to Japan and How to Reclaim It*, Basic Books. Wolferen, K. Van. (1989), *The Enigma of Japanese Power*, MacMillan.
(4) この見解に対する批判は，次のものに記されている。Komatsu, M. and Misaki, S. (2002), *The Truth Behind the Whaling Dispute*, Institute of Cetacean Research. Komatsu, M. and Misaki, S. (2003), *Whales and the Japanese*, Institute of Cetacean Research.
(5) Abegglen, J. (1958), *The Japanese Factories: Aspects of Its Social* Organization, The Free Press.

第2章
反捕鯨意識を論ずる場合の社会科学的方法

第54回国際捕鯨委員会年次会合・下関会議の際に民間レセプションとして披露された長崎県有川町の伝統芸能「羽差太鼓」(写真提供・日本捕鯨協会)

要　約　アメリカ人の反捕鯨意識を論ずる場合は，社会科学における社会調査の方法に従う。これを行う場合には，確立された一定の手順がある。(1)研究すべき問題を選び出しそれを明確にすること。(2)その問題への回答を見つけ出すために相応しい「リサーチ・デザイン（Research Design）」を選ぶこと。(3)問題とする諸概念（Concepts）を測定する方法を確定すること。(4)収集するサンプルを決めること。(5)サンプルをデータとして収集すること。(6)集めたデータを分析すること。(7)分析された結果を解釈し提示すること[1]。これらの手順の中で，本研究上に取り分け関わる問題点を，自然科学と社会科学との違いの観点から論じてみる。

1節　自然科学と社会科学の違い

　上記の手順の中において一番厄介にしてかつ重要な部分は，多分(3)の「問題とする諸概念を測定する方法を確定すること」であろう。またこの部分に社会科学と自然科学との決定的な違いが潜む。

　科学とは，トーマス・クーンが発見したようにパラダイムの大転換の場合を除けば[2]，普通の場合には，カール・ポッパーが指摘するように，仮説やモデルの絶えざるテストを通じてのより誤差の小さい値を探す作業によって進められる[3]。その作業の基礎的部分は，仮説やモデルをテストするために，研究対象物を測定することにある。この点は，クーンが言うところの所謂「通常科学（Normal Science）」の段階にあるのであれば，自然科学であれ社会科学であれ，その別を問わない。

　だが社会科学と自然科学との間には否定し難い違いが幾つかある。その１つが以下の点である。それは，社会科学では測定対象が自然科学ほど実体（Entity）として測定可能なものばかりではない，という点である。惑星とかガン細胞などは実体として観察測定可能である。しかし「社会階層」や「反日感情」などという抽象的概念（Concept）は，１個の独立し

第2章 反捕鯨意識を論ずる場合の社会科学的方法

た触知可能な実体として測定され難い「心的映像（Mental Image）」である。社会科学ではむしろこのような目による直接的観察が不可能な抽象的概念の方が多い。従ってこうした抽象的概念の測定方法を見つけ出すことが，社会科学をする場合には何よりも望まれる。この違いは，物理学や化学等の「Hard Science」と多くの社会諸科学（社会学や心理学や人類学等）の「Soft Science」という2つの科学の分け方に通じるかもしれない。

そこでまず抽象概念を定義し，測定可能な「変数（Variable：1個以上の値を持つ属性）」へと「操作化（Operationalize）」することが必要となってくる。その次に，測定されたある変数と他のある変数との関係をテストする。これは同時に，ある抽象的概念と他のある抽象的概念との関係を述べている命題を，「経験的領域における仮説」としてテストしたことになる。これが社会科学の基本的方法である。社会科学であろうとするならば，この程度のことが出来なければならない。これが出来なければ，それは社会科学としては未完成である，と判断される。これらを図に表すと次のようになる。

図2-1　社会科学における抽象的領域と経験的領域の結びつき

抽象的領域	経験的領域
理論（Theory）	→ モデル（Model）
命題（Proposition）	→ 仮説（Hypothesis）
概念（Concept）	→ 変数（Variable）

操　作　化

注：社会科学は通常の場合では「抽象的領域」から，取り分け「概念（Concept）」を作りだすことから始められる。その後に，その概念を操作化（Operationalization）し変数に転換し，「経験的領域」へと移行して研究がすすめられる。抽象的領域に留まっている限り，テストはなされないし，抽象的領域だけに留まっていては，学問的進歩もあまり望めない。経験的領域においてテストがなされる時に学問的進歩が期待される。本書はこの図の「左側（抽象的領域）」から「右側（経験的領域）」に移行する作業過程を詳細に記している。

ここで仮定的例として，1つの「抽象的領域の命題」を「経験的領域の仮説」に移し替えてテストしてみることにしよう。その命題とは，「頭がよい人ほど，稼ぎがよい」である。多くの人々は「何とはなしにそうかもしれない」とこの命題に同意しているであろう。そこで，この場合「頭がよい」を「人の最終学歴」という「経験的領域の独立変数（説明するもの）」として測定してみよう。「稼ぎがよい」を「年収」という「経験的領域の従属変数（説明されるべきもの）」として測定してみよう。これにより，テストすべき仮説は，「人の学歴が高くなるに従い，年収が増えてくる」というものに転換できる。つまりこれにより，抽象的領域の命題から経験的領域の仮説への転換がなされたこととなる。勿論，学歴と関係なく高収入を稼ぐ芸能人やプロ・スポーツ選手などの例外は常にあるが，最終学歴が中学校卒である人よりも，大学卒の人の方が通常ではより多くの年収を稼いでいることは，多くの調査で解明されているので，「この仮説は，データの分析結果により支持を受けた」ということになる[4]。このような仕方が，社会科学の出発点である。このような試みは，あまり面白いものではないかもしれないが，それをするのが社会科学である。

2節　社会科学のもう1つの使命とは

　社会科学と自然科学とには，もう1つ違いがある。それは，序のところで述べたように社会科学の使命の1つが，「世間一般に言われている様々な俗説（Folk Assumption）や通説（Folk Model）のテストをする」という点である。科学者の間に容認された科学的モデルのテストだけではなく，社会科学は時には「世間一般に言われている俗説や通説のテスト」を行う。
　通説のテストの一例を，「アメリカ合衆国で学んでいる日本人留学生についてのFolk Model」に関して筆者が1991年にデータ収集を行い，

1995年に "Japanese Students in the U.S. Higher Education: Their Preference for Staying in the U.S.A. and Academic Motivation" という論文にして *College Student Journal*（第29巻3号：347-355頁）に発表した研究から挙げてみよう。その Folk Model とは，そもそもアメリカ人教育者達から立てられたモデルであった。1980年代の後半になって日本の円が米国ドルに対して強くなっていくに従い，日本からアメリカ合衆国の大学に留学してくる学生が急増した。1ドルが360円の時代とは異なり，1ドルが200円に近づいてきた頃，最早日本人の誰もがアメリカに留学出来る状況が生まれつつあった。その経済的背景の中で日本人留学生が急増していく状況を見たアメリカ人教育者とりわけ大学の先生達が，次のような Folk Model を言い出していた。「日本人留学生がアメリカ合衆国に留まりたいと希望するに従い，彼らの勉学意欲が失われているようだ」と。そこで抽象的概念としての「アメリカ合衆国に留まりたいという動機」を経験的に測定する方法を確定し，それと勉学意欲との関係などをテストしてみた。その結果，件の「留まりたいという動機」と「勉学意欲」との想定された関係はなく，「アメリカ合衆国に留まりたいという動機」がむしろ「年齢」と「性別」に関係していることが判明した。つまり，(1)日本の大学を終えた後の25歳などで留学してきた留学生よりも18歳などの若くして留学してきた留学生の方が，「アメリカ合衆国に留まりたいという動機」が強くなることが分かったのである。(2)また測定された数値の平均を見ると，男性の方は「学位修得後はアメリカ合衆国に留まることを望んでいない」が，女性の方は「学位修得後はアメリカ合衆国に留まることを望んでいる」ことも分かった。この性別による「滞米希望」の違いは，当時アメリカ合衆国の移民審査局が疑っていた「日本人女子留学生は，移民を目的に留学してくる」という懸念を裏付けたものとなった。（もっともこの(2)の発見は，発表するにはあまりにも危険だったので，論文の中には書かれなかった）。これなどは，ごく簡単な Folk

Model のテストであったが，社会科学の使命の 1 つである「Folk Model のテスト」をした成果であった。

　このような通説のテストを行う場合には，取り分け社会科学では「抽象的領域の命題」を「経験的命題の仮説」に移し替える作業が要求される。本研究が試みているものがまさしくそれである。これまでも日本人の多くが，「アメリカ人による反捕鯨は，彼らの文化帝国主義の故であるし，また，反捕鯨の根底には日本人への人種・民族差別がある」と言い続けてきた。この主張は日本人という「民族（Folk）」にとっての言わば「通説（Folk Model）」である。だが，この通説（Folk Model）をこれまで誰もテストしてこなかった。テストしてこなかった理由は様々あった。その理由の 1 つは，「反捕鯨意識についての文化帝国主義」を測定する方法が無かったことによる。また同じく，反捕鯨意識における「人種・民族差別」を測定する方法も無かったことによる。測定する方法が無ければ，テストすることも出来ない。逆に言えば，測定する方法を見つけだせば，この通説（Folk Model）はテスト出来るはずである。とすればまさしく測定する方法を見つけ出すことが，社会科学の仕事となる。このような「抽象的概念を経験的領域に転換する作業」は，自然科学には滅多に要求されはしないが，社会科学が通説（Folk Model）をテストしようという場合には，これが研究の第一歩となる。

3 節　本研究が依拠したアメリカ人サンプルとは

　社会調査を行う際の問題の 1 つとして，サンプルの問題がある。とりわけサンプルを推測統計学によって分析する場合には，対象とする「全人口」の諸特性やそれらの諸特性間の関係を推測するために「サンプル」を全人口から抽出して使う。従って，そのサンプルを抽出するための社会調査では，そのサンプルが全人口の諸特性をよく反映したものであるように

第2章　反捕鯨意識を論ずる場合の社会科学的方法

抽出することが望まれる。言うまでも無く、使用するサンプルの適否が調査結果の質に影響を与えるので、社会調査では研究者達は神経質なくらいにサンプリングの選定とサンプルの抽出には注意を払う。仮に20歳以上の成人人口が1000万人の国において、その全成人人口の政治意識を調べたいとしよう。だがそうした場合でも、その母集団の1000万人を全て調べることは難しい。そこで、対象とすべき母集団の1％を抽出したサンプルの作成を社会調査などにより行う。その場合のサンプルは、「確率的無作為サンプリング（Probability Random Sampling）の抽出」により、母集団のあらゆる特性を十分に反映したサンプルであることが望ましい。だが現実の社会調査では、それすらも難しい。時間と予算の制約の故に、さらに小規模なサンプルが集められる。

　本研究が直面した問題は、まさしくこのサンプリングであった。アメリカ合衆国の人口は3億人以上であり、かつ民族的にも多様である。かくして、そこからどのようなサンプルをどのようなサンプリングにより集めるのかが、本研究が直面した問題であった。予算と時間の制約からして、Probability Random Sampling を使用することは不可能であり、やむなく Non-probability Sampling に拠ることにした。所謂「Convenience Sampling」に依拠した。勿論、心理学や社会学等でよく使用されるように、ある特定大学内で「心理学入門を履修している学生」とか「社会学入門を履修している学生」等のような所謂「Captive Audiences」を使うことはしなかった。なんとなれば、本研究では、全米の各地域の人々からの反応を集めるためにも、地域的偏りを避けることが要求されていたからである。

　そこで最初にしたことは、1998年の1月にインターネット上（Listserves）のECOLOG-L（生態学関係のListserves）とCONSBIO-L（自然保護系生物学のListserves）に「アンケート調査依頼」の広告を出した。その広告に対して、1998年の2月までに、米国の大学等で教えてい

3節　本研究が依拠したアメリカ人サンプルとは

る（西海岸から東海岸に至る11州14大学）15人の教員から「自分が担当している生物学関係のクラスでアンケート調査を実施してもよい」旨の申し出をうけた。そこでその申し出をしてくれた教員達に1998年の4月までに，アンケート調査用紙を郵送し，6月までに分析に使用可能な448通（男性＝177人，女性＝271人）の　アンケートを回収した。その448人の参加者（回答者）達は，生物学系の授業を履修していた大学生および大学院生であるが，専攻が生物系のものとは限られていなかった。ビジネス専攻の学生もおれば，工学部専攻の学生もおった。平均年齢は，男性が22.8歳（標準偏差＝5.4歳），女性が21.8歳（標準偏差＝4.7歳）であった。以上のことから分かるように，本研究で使用したサンプルはとりわけ「年齢と教育レベル」の2点において，全てのアメリカ人を代表するというものではなかったことを認めざるを得ない。

　かくして，本研究でのサンプリングとサンプル数に対して必ず異議を唱える人々がいる。その人々とは，自己の研究において常に国などの公共機関によって集められたかなり信頼性の高いデータバンクからのデータをダウンロードしてきて使用している研究者達である。データを常にどこからかダウンロードしてきて研究している研究者から見れば，本研究が集めたデータは，「あまりにも少なすぎて信憑性に欠けるもの」と見えるようだ。こういう研究者達は「アンケート作り」などをして自分の努力によりデータを集める困難さを理解していないので，データ数について異議を唱える。しかし忘れてもらっては困るのは，本研究の主眼は，何よりも「Folk Modelのテスト」に置かれている，という点である。「科学モデルをテストする」前の段階でのテストが，本研究の主眼なのである。科学モデルのテストであれば，Probability Random Samplingによる無作為抽出により優れたサンプルの作成が必須であるが，本研究の段階では，「抽象的概念の操作化の適否」なども試されるので，Convenience Samplingにより抽出したサンプルでもってよしとした。また本書は，本研究の分析結

果を完全無比な絶対値であると主張しているものでもない。本研究で得た数値は，あくまでも「相対値」でしかないので，今後に行う調査で抽出するサンプルは，さらなる努力により改善をしていく所存である。

4節　マス・メディアと社会科学との違い

　社会科学が扱う論題を一般読者向けに扱うものにマス・メディアがある。しかし社会科学とマス・メディアとの間には，次の2点において明確な区画がある。1つには，マス・メディアは社会科学に要求される上記の方法論の実践を要求されない。マス・メディアは，「抽象的領域の命題」を「経験的領域の仮説」に転換することを必ずしも要求されてはいない。むしろある時には，抽象的概念を「流行語」という商品に代えて市場に流布することに努力が注がれる。もう1つには，マス・メディアは「普通でないもの」や「尋常でないもの」を好んで扱うことが許されている。「普通ではないもの」とは，ベル型の正規分布表で言えば，両端に位置する部分と思ってもらえばいい。マス・メディアなどは取り分け「普通ではないもの」を扱う。「犬が人を噛んでもニュースにはならないが，人が犬を噛めばニュースになる」とは，この理屈である。だが科学は正規分布の両端ばかりでなく，中央部分も含めた全体の出現頻度を問題として扱う。平均的な事柄の出現頻度を測定するからこそ，科学は普通と異常との区別判断をつけられるのである。これら2つの点がマス・メディアに許される最大の理由は，マス・メディアの読者が一般の人々であり，社会科学者では無いからである。

　必ずしも仮説のテストを目的としないという点では，見聞的ジャーナリズムによる方法論もマス・メディアと隔たるところ数歩かもしれない。反捕鯨を論じている欧米人の著作がしばしば日本の図書市場で販売される。だが，これらのものは，社会科学の基本的手法を踏まえて書かれている訳

ではない。反捕鯨論者のロビン・ギルの『反日本人論』（工作舎，1991年）や捕鯨賛成論者のC.W.ニコルの『C.W.ニコルの海洋記』（講談社文庫，1990年）などがそうした例である。著者達の直接間接の見聞を書くことはしても，経験的領域の変数を測定して仮説をテストするというようなことはしない。見聞を書けば，それで十分に人々を楽しませるからだ。この点では，日本人によって書かれたものでも同じである。具体的な例が，反捕鯨論者の原剛の『ザ・クジラ』（文眞堂，1983年）等がそれである。

　社会科学では，基本的諸概念の定義とそれらの操作化から始まり，さらにそれらを「説明する独立変数 (X)」と「説明されるべき従属変数 (Y)」として測定し，それらの関係を述べた仮説をテストしてみる。仮説をテストした上で，その仮説が拒否されているのか否かを確認しながら先に進む。マス・メディアにより書かれたものには，そのような手法が使用されることはまず無い。マス・メディアによる著作が，事実を踏まえたもので経験主義的であることは確かであるが，さらに「経験主義的に仮説をテストしていくこと」まではしない。ということは，かれらの言説は見聞に基づく事実ではあっても，「社会科学の領域でのテストを経たもの」とは分類されない。経験主義的なテストを経ない議論は，実は次の段階に進めない。従って，経験主義的な「テストを経た議論」と「テストを経ない議論」とでは，これら2つのものは実は似て非なるものである。これらの違いは，言わば，「Football」という同じ名称を使用していても，一方は「丸いボールを蹴りあうサッカー」のことを指し，他方は「楕円形のボールを手を使って投げるアメリカン・フットボール」を指していた，というに等しい。だがこれらの2つのスポーツは，同じルールをもつスポーツではない。

5節　章の結論

そもそも社会科学とは,「抽象的領域」にある概念の定義から始まり,その概念が操作化されることにより測定可能な「経験的領域」の変数に移行され,さらにそれらの変数の関係を述べた仮説としてテストされるという手順を経て進められる。本研究も所謂「俗説(Folk Assumption)と通説(Folk Model)」をテストする社会科学であるので,とりわけその作業が必要とされる。事実,反捕鯨の意識についての諸概念(Concepts)は「抽象的領域」にあるので,然るべき定義がなされ操作化されることにより測定可能となる。測定出来れば仮説のテストも可能となる。これは社会科学の一般的な方法の応用である。その場合には,サンプルの適否の問題も考慮される。このような作業過程は,マス・メディアや見聞的ジャーナリズムの方法とは異なるが,議論を憶測の領域ではなく経験的領域において進める上では必要な作業である。

参考・引用文献
(1) Singleton, R.A.Jr., Straits, B. C. and Straits, M.M. (1993), *Approaches to Social Research*, Oxford University Press.
(2) Kuhn, T.S. (1962), *The Structure of Scientific Revolutions*, The University of Chicago Press.
(3) Popper, K.R. (1959), *The Logic of Scientific Discovery*, Routledge. (1963), *Conjunctures and Refutations: The Growth of Scientific Knowledge*, Routledge. (1972), *Objective Knowledge: An Evolutionary Approach*, Clarendon Press.
(4) 教育程度と収入の関係については,次のものによる。Parkin, M. (1999), *Microeconomics, 5th Edition*, Addison-Wesley. とりわけ16章を参照。

第 3 章
食糧分配における生物意識から見えてくる
アメリカ人の反捕鯨意識

1998年ニュー・カレドニアのヌメア港に緊急入港した日本の調査捕鯨船団に対し妨害活動をするグリーンピース（写真提供・日本捕鯨協会）

要　約　本章は2つの部分（前半部分のⅠと後半部分のⅡ）から成っている。これら2つの部分をあわせて記す時，アメリカ人による日本人への反捕鯨意識が人種・民族差別であることがより鮮明になってくる。

前半とは次である。「仮に，希少な食糧資源が世界中の全ての国々の中からたった2つの国にアメリカ合衆国から与えられるとして，あなたがその2国を選ぶ立場にあるとします。あなたが選ぶその2つの国を示して下さい」。この質問への回答を分析した結果は，アメリカ白人回答者達（278人）はまず「白人国」を選ぶ，というものであった。アメリカ白人が食糧の分配を決断する時に，彼らの決断に影響を及ぼすものは，「生物遺伝構造上の近似性」であった。

後半とは次である。「5つの捕鯨民族による捕鯨をそれぞれどの程度まで容認するのか」という問いにアメリカ人回答者達（448人）が答えると，アラスカのイヌイットによる捕鯨が一番先に許され，次にアイスランド人とグリーンランド人とノルウェイ人とが同じ程度で続き，一番最後に「日本人による捕鯨」が許される（一番許されていない）ものと判定されている。

これら2つの分析結果を統合的に見てみると，「反捕鯨は日本人への人種・民族差別ではない」というアメリカ人の主張よりも，「反捕鯨は日本人への人種・民族差別である」という日本人のこれまでの主張の方が妥当である，といえる。

Ⅰ．食糧の分配から見た「人種差別」[1]

人々の間での「食糧分配」を決める根本的原則は，「生物遺伝構造の近似性」である。食糧はまず親から子へ無償の形で分配される。この無償の行為が最優先される。それに次ぐ形として，近所に分配されたり，市場に出荷されたりする。では国家間での食糧の分配はどうであろうか？　全て

の食糧分配行為が市場経済の合理性だけでなされる訳でもない。民族間の生物遺伝構造の近似性の故であることを疑うべき分配もありうる。以下にその点を解明していこう。

1節　日米の民族間関係：戦前の「人種"間"差別」の一例

まず「人種差別」の測定は困難であり，それを明確に測定出来る方法も少ない。そこでその代わりとして「人種"間"差別」の測定結果を示そう。人種間差別の測定は，20世紀になると各種の社会調査により比較的簡単に示されるようになった。以下の表3-1（1939年頃の調査）がそれである。

表3-1　アメリカ人が感じる国別友好性調査（『Fortune』1939年2月号）

Most Friendly（最も友好的）			
政　府		人　々	
イギリス	45.3%	40.3%	イギリス
スウェーデン	10.0%	8.5%	スウェーデン
フィンランド	9.7%	3.4%	フィンランド
フランス	8.6%	8.2%	フランス
ドイツ	1.9%	6.9%	ドイツ
ソ連	1.3%	0.9%	ソ連
イタリア	1.0%	2.3%	イタリア
日本国	0.2%	0.3%	日本国
全て	4.8%	13.9%	全て
何れでもなし	5.1%	4.0%	何れでもなし
知らない	12.1%	11.3%	知らない

この調査では，アメリカ人が他国政府と他国民族に関して感じている友好性の点では，調査対象国中イギリス政府（45.3%）とイギリス人

(40.3%)とが断然一番であり,逆に3つの枢軸国の中では日本国政府(0.2%)と日本人(0.3%)は最低であることが示されている。第2次世界大戦直前でもあり,これも仕方がない。これが,アメリカ人が示した「人種間差別」の一例である。

2節　日米の民族間関係:戦後の「人種"間"差別」の一例

誤解が生じないように述べておくが,各民族に関する好悪を述べること自体は,「人種差別」ではなく,単なる「人種間差別あるいは人種間区別」である。この程度のことは問題にはなるまい。上記した第2次世界大戦前になされた社会調査において得られた結果は,戦後においても同じようなものであって,あまり顕著な変化は見られない。以下の表3-2がそれである。これは,ギャラップ(Gallup)社が,1989年から1992年の4年間に渡って行った調査(1,002人のアメリカ人:男性502人と女性500人)から得られた結果である[2]。対象国を「好意的に捉えている回答者」を%において示している。

表3-2　アメリカ人が6カ国に関して示す好意的度合い (1989年－1992年)

	日本国	カナダ	旧ソ連	ドイツ	イラク	イスラエル
1992年2月	47%	91%	57%	74%	4%	48%
1991年11月	48%	－	52%	－	－	47%
1991年3月	65%	91%	50%	77%	7%	69%
1991年2月	62%	－	57%	75%	3%	79%
1990年2月	60%	89%	64%	－	－	48%
1989年8月	58%	93%	51%	－	－	45%
1989年3月	69%	92%	62%	－	－	49%

日本国を「好意的に捉えている」率は,1989年3月の69%(ほぼ70%として)から1992年2月の47%まで,3年間で20%以上落ちている。一

方，20%も変化した白人国はなく，カナダはほぼ90%前後を維持しており，ドイツは70%を超えている。旧ソ連についての評価は揺れているが，1992年2月の時点では日本国の47%よりも遥かに超えて57%に達している。1980年代がアメリカ人による日本叩きが盛んであったことを考えても，この調査結果に「人種間差別」が存在していることを，当たり前の日本人であれば誰でも見て取れよう。

3節 「人種差別」の定義

　上記2つの表は，人種差別を表示する表ではない，あくまでも人種間の好悪を示唆する表であった。人種間好悪を人種差別であると誤解する人も多いので，ここで「人種主義（Racism）」と「人種差別（Racial Discrimination)」の定義を記しておこう[3]。人種主義とは，「ある特定の人種に属する人々が，他よりも劣っているとか優れているとかを信じること」である。どのような主義主張を持とうとも，それは人の自由であり，そこまでは許されるかもしれない。さらに人種差別とは，「人々間の優劣（取り分け人種に基づく優劣）を信じる故に，ある人々が特定資源（自然資源や社会資源等）を得ようとする際にその人々が資源を獲得することを妨げること」である。

　さて，この「人種主義」や「人種差別」という概念は，実は極めて「社会科学的」用語なのである。何故ならば，社会科学とは人々の間に生じている社会的差異や相違（例えば「貧富の差」など）を説明しようとする学問だからである。確かに，ある1人の人と他の別の1人との違いは，生物的な違いにもよるが，社会的な違いにもよる。同じように，ある1つの人口と他の別の人口との違いは，生物的な違いや社会的な違いにもよる。仮にある地域に住む1億人の人口の平均寿命が78歳であり，かつ1人当たりの年間国民総生産（GDP）が$30,000であり，他方で他のある別の地

域に住む5千万人の人口の平均寿命が45歳であり，かつ1人当たりの年間国民総生産（GDP）が＄500としたならば，これらの異なる2つの人口のその違いを説明するのが，社会科学の任務になる。

　だが実は生物系の学問は，「複数の人口（Population）」の間に生物的な違いが存在する事を認めているが，これらが社会的な差別をうむものである，という具合に議論はしない。如何なる社会的な相違があろうとも，やはり現生人類（*Homo sapiens sapiens*）は，亜種などが存在しない1つの種である。かくして生物学は「人種主義」や「人種差別」という用語を使用しない。

4節　進化と遺伝的距離

　進化とは一個体の一生涯中に発生するというよりも，ある個体が次の個体を生み出す時に発生する僅かな遺伝形態の違いや差の上にさらに外部から「淘汰力」が作用し，やがてその淘汰力を乗り越えた「個体達の適者生存」という形で，世代を超えてある生物種の中に発生してくるものである。しかもその場合には「一個人の生存」を通じてではなく，むしろ「血縁関係にある複数の個体達の集団的適存」を通じて発生してくる。この集団的適存が世代を超えて継続した結果として，時には「A地域に住むA人口」と「B地域に住むB人口」との違いが発生する。そこに発生した違いは，所謂「遺伝的距離（所与の対立遺伝子の出現頻度における違いに基づく人口間の多様性）」により測定されることになる[4]。

　この遺伝的距離の観点を日本人とアメリカ白人との関係に当てはめて考えるならば，次のようになる。そもそも日本人とアメリカ白人という2つの人口では，進化の過程において既に「遺伝的距離」が発生している。日本人とは「モンゴロイド（Mongoloid）」の一部であり，アメリカ白人とは「コーカソイド（Caucasoid）」の一部である。両者の違いは多々有り，

外見から見える部分での遺伝的距離でいえば「頭髪の色の違い」がそれであり，外見からは見えない部分での遺伝的距離でいえば「小腸の長さの違い」などがそれである。

　だがこのような進化も遺伝的距離も，それら自体は何の問題でもない。問題なのは，人が行動する時には，この進化の過程で生じたその遺伝的距離に基づいてより遺伝的距離が近い人のためになる行動を選択する傾向があるので，集団としては人種差別に結びつくような行為が発生する可能性がある，ということである。つまり，仮に日本人が究極の状況で自分の生存を脅かされて「日本人かアメリカ白人か」という二者択一の選択をしなければならない場合には，日本人を「血縁選択（Kin Selection）」するであろう，ということである。全く同じように，仮にアメリカ白人が究極の状況で自分の生存を脅かされて「日本人かアメリカ白人か」という二者択一の選択をしなければならない場合には，アメリカ白人を「血縁選択」するであろう，ということなのである。なぜならば，この「血縁選択」が進化に有利に働くからである。この血縁選択が即ち「人種差別」である，ということではないが，ここに「生物遺伝構造に関する意識」を日本批判の根底にあるものとして疑う最大の理由がある。

5節　アメリカ合衆国による世界戦略としての食糧（分配）政策

　アメリカ合衆国およびその支配層のアメリカ白人達は，世界支配を実践するためにこれまで何種類かの資源を戦略的に利用してきた。それ故に，アメリカ合衆国の支配を受ける国にとっては，その戦略的資源とは「生殺与奪に関する殺戮用の武器」にも等しいものとなってきた。言うまでもないが「第一の武器」とは「殺戮用の武器」そのものであり，第二の武器とは「エネルギー（石油等）」，そして第三の武器とは「食糧（生物資源）」である。つまり食糧（生物資源）とは，今や単に人々が食べるためだけの

I．食糧の分配から見た「人種差別」

ものではなく，アメリカ合衆国にとっては他国を支配するための戦略的資源となっている[5]。日米関係もその例である。

そもそも日本国とアメリカ合衆国との出会い（19世紀半ば）とは，鯨（日本人にとっての食糧）という生物資源の分配問題から発生したものである。まず，当時の鎖国日本に武力でもって開国を強く迫った国は，他でもなく捕鯨産業を国策としていたアメリカ合衆国であった。主に鯨油を求めるアメリカ合衆国の捕鯨産業は，大西洋の鯨資源を枯渇させた後，太平洋の所謂「ジャパン・グラウンド」（北は北海道から南は小笠原やハワイ付近の海域で，鯨が殆ど無尽蔵に生息していた）に現れ，自国の捕鯨船が安全に寄航できる港を提供するように徳川幕府に求めてきた。当時の日本国は，今でもそうだが，「捕鯨」を生活文化の一部としており[6]，かつ食糧を求めるために捕鯨していたが，一方のアメリカ合衆国は「世界商品」としての「鯨油」を抽出する原料として捕鯨をしていた。この違いの故もあり，さらに第一の武器そのものの威力の差の故に，徳川幕府はアメリカ合衆国に屈服して不平等条約を締結させられ，ついに日本国は近代の帝国主義諸国間の対立に否応なく参加させられるようになったのである。

以来の日本国とアメリカ合衆国との貿易関係はいわば「工業製品と農業製品を交換する南北貿易」のような形態から始まり，100年以上を経た後の20世紀の最後の20年間以来は，逆に「日本国の工業製品とアメリカ合衆国の農産物を交換する貿易形態」に近づいてきた。さらに皮肉にも，日本国の工業製品がアメリカ合衆国に輸出されてアメリカ市場を占領しては彼の地の工場労働者が解雇され，一方でアメリカ合衆国の農産物が日本国の国内市場に出回っては日本国の農業者が困惑する，という「負け組みの奇妙な交換形態」が繰り返され，かつそれをお互いが政治的に弥縫するようになってきた。つまり日本国は自国の工業製品を米国に輸出するために自国の農林水産業を犠牲にする経済構造を構築したのである。他方のアメリカ合衆国は，その分だけ自国の余剰農産物を日本国に買わせるためには

43

如何なる手段も駆使するようになったのである。

かくして具体的には，日本人に牛肉を買わせようとする最近のアメリカ合衆国のごり押しが善意からのものではない，という点までは推測できる。だがこのごり押しの裏側にあるアメリカ白人の本心とは如何なるものであろうか？

6節　日米間の「Food Sharing」はありえるのか？

食糧も含めた財や富の分配に「遺伝的距離」が関わるという点は，アメリカ人にもそれとなく理解されている。この点を裏付けるような発言を筆者はアメリカ合衆国において経験した。その一例を以下に示そう。

筆者は1990年代の数年間をアメリカ合衆国のある大学（West Virginia 州）の日本研究学部において教員をして過ごしたことがあった。担当した授業科目は社会科学系の幾つかであって，その中の1つが「第2次大戦後の日本の政治経済構造」という授業科目であった。この授業科目の論点の1つは，戦後の日本人が政治構造を通して「大都市部（2次/3次産業地域）が獲得した富や財」を「地方の農村部（1次産業地域）」に分配していたことを教えることにあった。この論点が明らかにされた後にアメリカ人学生達は，次の質問をしてくるのが常であった。「何故，日本人はそのように気前良く自分達の富や財を都市部から農村部へと分配出来るのですか？　自分が稼いだ富や財をどうしてそう簡単に他人に分配出来るのですか？　自分ならばとてもそのようなことはする気が起きないであろう（I would not be motivated to do so.）」。

この質問はもっともであった。この質問に対して筆者は次のように答えていた。「何故ならば，その農村部に住んでいる人々が，自分の両親や兄弟姉妹や従兄弟や親類であるからだ。つまり血縁の人々に自分達の余った富を少々分配するのであり，気持の上ではあまり問題はないはずだ。加え

て，農村部からは大都会に住んでいる子孫に様々な種類の食糧が送られるのである。大都会に出て行って暮らしている子供達に，農村部に残って暮らしている親達や親戚が農村部の特産品的食糧を送るのだ」。さらに筆者は次のようにも付言していた。「仮にあなたが同じ立場であれば，日本人と同じように出来ると私は思いますよ，どうですか」と問い返すと，大抵のアメリカ白人学生達は「確かにそう出来るでしょうね」と答え，筆者の見解に同意してくれた。アメリカ白人も「血縁者」には財や富や食糧を分配するのである。

　それ故に，逆に「血縁者でない」あるいは「生物遺伝距離が遠い人々」には，アメリカ白人は富や財や食糧の分配を積極的にはしないと考えているようであった。日米の両民族（日本人とアメリカ白人の場合）の間には充分なだけの「遺伝的距離」があり，加えてアメリカ合衆国には世界戦略としての食糧政策がある。このような状況の下では，日米間での「真心からの食糧分配」はありうるだろうか？　日本人とアメリカ白人との間での「Food Sharing」は，ありうるのだろうか。日本人はアメリカ白人にどこまで「Food Sharing」を期待できるのであろうか。あるいは期待しないほうがいいのであろうか。検討してみよう。

7節　定立されたリサーチ・クエスチョンと仮説

　上記した経緯を経ていく時，自ずと1つのリサーチ・クエスチョンが湧き起こってくる。それは，「仮にアメリカ白人が他国に食糧を分配するとした場合には，アメリカ白人は日本国を他の白人国と同じ扱いをして分配するのであろうか」というものである。あるいはこれは，「仮にアメリカ白人が，希少な食糧を世界の諸国に分配するとした場合に，世界の諸国を平等に扱うであろうか」という疑問である。何しろアメリカ合衆国連邦政府は，1972年に発生した世界的食糧危機の際に，如何に当時のニクソン

第3章　食糧分配における生物意識から見えてくるアメリカ人の反捕鯨意識

政権がソ連をSALT（戦略的核兵器制限交渉）に誘うためであったとはいえ，軍事的同盟国である日本国ではなく政治的敵対国のソ連邦に小麦輸出を決めたことがあった。加えてその後の1980年代に対ソ強硬政策をとり続けていたレーガン政権下ですら，穀物の対ソ輸出が実行されていた。これらのことからも判るように，アメリカ合衆国は政治的敵対国であるソ連に穀類の輸出を許した一方で，軍事同盟国である日本国には「大豆と大豆粕」の輸出禁止措置をとったのである[7]。アメリカ合衆国連邦政府が下したこの不平等な扱いの本当の理由がなんであれ，食糧分配の際には，アメリカ白人が日本人を他の白人と同様に扱うとは考えがたい。日米の軍事同盟関係よりも，米ソ（アメリカ白人と白系ロシア人）の「生物遺伝構造の近似性（血は水よりも濃い）」に基づく判断がまさっていることを疑ってしまうのは，筆者1人だけではあるまい。

　だがこのリサーチ・クエスチョンを仮説に移して直ぐにテストする前に，1つ考えねばならないことがある。それは，「同じことを日本人もするかもしれない」ということである。希少な食糧を分配する場合には，日本人自身も「アメリカ白人と同じような判断をするのでは」という疑問が湧いてくる。アメリカ白人が下した判断と同じことを，日本人もするかもしれないのである。とすれば，日本人も食糧の分配の際には，全ての民族を平等には扱わないであろう。ただし日本国は食糧の輸出国ではないので，日本人がアメリカ白人と同等の立場で食糧分配の問題を考えがたいのであるが，仮にそうであったとしても，日本人もアメリカ白人と似たような判断をする可能性を疑ってみるべきであろう。

　かくして定立した仮説は次の3つのものである。(1)アメリカ白人は，食糧を分配する対象としては，黒人やアジア人の国々よりも，生物遺伝構造的近似性のある白人国の方を優先して選ぶ。(2)日本人は，食糧を分配する対象としては，白人や黒人の国々よりも，生物遺伝構造的近似性のあるアジア人国の方を優先して選ぶ。(3)「仮説(1)」と「仮説(2)」が発生す

る故に，アメリカ白人と日本人とは，食糧を分配する対象として選ぶ国々はそれぞれに大きく異なる。「仮説(1)」と「仮説(2)」とには，実は1つの「仮定（Assumption）」が含まれている。その仮定とは，もし食糧を分配する際の判断の中に無意識的に「人道的見地」という要因が最優先的に働くならば，アメリカ白人であれ日本人であれ「食糧貧困地域であるアフリカの黒人諸国」を優先的に選ぶ筈である，というものである。

　テストしたい要点の1つは，ここにある。つまり，「収集した実際のデータ」と「人道的見地優先という仮定（Assumption）」とがどこまで食い違うのか，という点である。もし人道的見地という仮定の方が正しければ，アメリカ白人も日本人も，食糧貧困国を同じように選ぶであろうし，逆にもし「生物遺伝構造的近似性」を主張する仮説の方が正しければ，アメリカ白人も日本人も，生物遺伝構造において近似した民族の国々を選ぶであろう，ということである。この場合，「人道的見地という仮定（Assumption）」が「日本人の場合に起こりうる生物遺伝構造の近似性重視という仮説(2)」と「アメリカ白人の場合に起こりうる生物遺伝構造の近似性重視という仮説(1)」と食い違う結果として「仮説(3)」が生じる筈である。

8節　方法論：「使用したデータ」と「国の分類」

　日米から全く同質同等なデータを収集することは，そもそも困難である。ここでは日米において教育程度（大学生およびそれに順ずる教育を受けている人々）と年齢（18歳-23歳）を近似させることに留意された。だが仮に教育程度を同じくしても，専攻する学問までは日米において同じにすることは出来なかった。止む無く，専攻する学問の違いがもたらす影響については，ここでは検討しないこととする。

第3章 食糧分配における生物意識から見えてくるアメリカ人の反捕鯨意識

(1) アメリカ白人のデータ

アメリカ白人からのデータは，筆者が1994年から1995年にかけて行った「The U.S.−Japan Relationship Survey」という「アンケート調査」からえられたデータを使用している。この調査は，データ収集を2地点（オハイオ州のオハイオ大学 [Ohio University] とジョージア州のジョージア大学 [The University of Georgia]）で行い，多くの質問項目により多くの情報をえていた。このアンケート調査の中において「食糧分配」に関わる質問は以下のものであった。筆者が考案して作文した英文である。

　　Suppose that scarce food resources are given as aid from the USA to only two countries out of all the countries in the world and that you are in the position to choose the two countries. Please list the two countries you would choose.

(1)_____ (2)_____

この英語を日本語に翻訳すれば次のようになる：「仮に，希少な食糧資源が世界中の全ての国々のたった2つの国にアメリカ合衆国から与えられるとして，あなたがその2つの国を選ぶ立場にある，としよう。あなたが選ぶその2つの国を示して下さい」。

(2) 日本人のデータ

まず筆者が1994-5年にかけてアメリカ合衆国においてデータ収集をした後に，日本国では1996-7年にかけて筆者が幾人かのProctorsに依頼して「日米間民族関係調査」という「アンケート調査」を実施した。この調査は前記した「The U.S.−Japan Relationship Survey」の日本版として行われ，2地点の高等教育機関[帝京大学理工学部（栃木県）と信州

Ⅰ. 食糧の分配から見た「人種差別」

大学教育学部および長野県内の高等看護学校（長野県）］においてデータ収集が実施された。そこでえられたデータをここでは使用している。食糧分配に関わる質問項目は以下である。

仮に，希少な食糧資源が世界中の全ての国々のたった2つの国に日本から与えられるとして，あなたがその2つの国を選ぶ立場にある，としよう。あなたが選ぶその2つの国を示して下さい。

(1)＿＿＿＿＿＿＿＿＿＿＿＿＿　(2)＿＿＿＿＿＿＿＿＿＿＿＿＿

（3） 国の分類

　国の分類は，以下のようにした。(1) 白人国，(2) アフリカ黒人国，(3) アラブ人国，(4) アジア人国，(5) 中南米国。これらの分類の基準は，その国の多数派（Majority：政治経済的支配権を握っている集団）がどの人種であるのか，に依拠した。イギリスやフランスにも黒人が住んでいるがイギリスもフランスも「白人国」とした。それ故にカナダも同じである。分類する際に最も難しい国々は，人種の混合が最も進んでいる中南米である。メキシコやブラジルやアルゼンチンなどがそれである。そこでこれらの国々は「中南米」として一括された。太平洋の海洋諸国は回答者からの言及数が少なすぎたので，分析には使用しなかった。以上の判断の結果が，上記した5つの分類である。

9節　データ分析の結果

（1） データの叙述

　回答者がアンケート調査用紙に実際に記入した「国」は実に多様であった。その幾つかを紹介しよう。アメリカ白人の方からは，「カナダ／フラ

第3章　食糧分配における生物意識から見えてくるアメリカ人の反捕鯨意識

ンス / イギリス / ニュージーランド」のような白人国の名前が出てきた。これらはいずれも「先進国」である。これらは食糧に困っている国ではないが，白人回答者は簡単に無意識的に白人の国を選択し回答していたのである。それでいいのである。一方の日本人回答者の方からは，「北朝鮮 / ミャンマー / ヴェトナム」等のアジア諸国の名前がでてきた。勿論，アフリカの貧困国の名前も，アメリカ白人と日本人の両方から挙げられていた。やはり，常に人道的見地から食糧の分配を考える人はいるはずである。それはそれでいいのである。

　定立された3つの仮説をテストするために，前述の問いへの回答はまず国ごとにして男女別々に集計された。つまり，「アメリカ白人男性」と「アメリカ白人女性」，それに対して「日本人男性」と「日本人女性」という具合に国ごとにかつ男女別々に集計された。それが以下の4つの表である。ちなみに，このアンケート調査のルールとして決めた「2カ国を挙げてもよい」ということからして，回答者の人数と言及された国の数の総計は必ずしも一致していない。

表3-3　アメリカ白人男性（148人）の場合

白人国	黒人国	アラブ人国	アジア人国	中南米国
125人	34人	0人	11人	56人

表3-4　アメリカ白人女性（130人）の場合

白人国	黒人国	アラブ人国	アジア人国	中南米国
85人	76人	2人	44人	31人

表3-5　日本人男性（121人）の場合

白人国	黒人国	アラブ人国	アジア人国	中南米国
7人	74人	0人	89人	13人

表 3-6 日本人女性（120 人）の場合

白人国	黒人国	アラブ人国	アジア人国	中南米国
2 人	83 人	1 人	75 人	18 人

（2） 仮説(1)と(2)のテスト

　仮説(1)は次であった：アメリカ白人は，食糧を分配する対象としては，黒人やアジア人やアラブ人の国々よりも，生物遺伝構造的近似性のある白人国の方を優先して選ぶ。仮説(2)は次であった：日本人は，食糧を分配する対象としては，白人や黒人やアラブ人の国々よりも，生物遺伝構造的近似性のあるアジア人国の方を優先して選ぶ。

　上記4つの集計（表3-3から3-6）は，単なる出現頻度の記述であり，統計学的なテストはなされていない。統計学的テストは，もう1つの操作を行ってからなされた。その操作とは，上記5つの分類の中から「分析対象」としては関係のない「アラブ人国」と「中南米国」という2つの部分を取り除き，3つの分類枠（白人国／黒人国／アジア人国）に限定して行った。これらの3つの分類に限定して，さらに，次の仮定を斟酌した。つまり人道的見地からして，回答者達は，（アメリカ白人の場合は）白人国を優先させたり，（日本人の場合は）アジア人国を優先させたりすることなく，最貧大陸のアフリカ黒人国をいの一番に選ぶと仮定した。だがアフリカ黒人国を選ぶ頻度は不明であるので，3つの分類枠を均等に選択する（白人国33.3%，黒人国33.3%，アジア人国33.3%）と仮定して，「χ^2検定（Chi-square Goodness-of-Fit Test）」によって「χ^2」を求めた。「$\alpha < .05$」の場合として計算されると，次のような結果になった。

表3-7　2民族の男女別にみる「食糧を分配する場合の選択国」

2民族の男女別＼対象国	白人国	黒人国	アジア人国
アメリカ白人男性（148人）の場合 自由度＝1，χ^2値＝82.6，$p<.001$	125人	34人	11人
アメリカ白人女性（130人）の場合 自由度＝1，χ^2値＝33.5，$p<.001$	85人	76人	44人
日本人男性（121人）の場合 自由度＝1，χ^2値＝68.6，$p<.001$	7人	74人	89人
日本人女性（120人）の場合 自由度＝1，χ^2値＝74.7，$p<.001$	2人	83人	75人

上記の通り，4つの全ての場合において仮説は支持された。つまり「アメリカ白人男女回答者達」も「日本人男女回答者達」も，「食糧を分配する国」を考える際には「生物遺伝構造の近似性」の観点から優先順位をもっているという点を示唆する結果が現れた。

(3) 仮説(3)のテスト

仮説(3)は次であった：(1)と(2)の故に，アメリカ白人と日本人とは，食糧を分配する対象として選ぶ国々はそれぞれに大きく異なる。仮説(3)の場合には，さらに「白人国」と「アジア人国」との2つに限定して比較してみよう。ここではCross-tabulationを以下のように示すだけで十分

表3-8　アメリカ白人男性と日本人男性との比較

民族の別＼対象国	白人国	アジア人国
アメリカ白人男性回答者	125人	11人
日本人男性回答者	7人	89人

自由度＝1，χ^2値＝132，$p<.001$

I．食糧の分配から見た「人種差別」

表3-9　アメリカ白人女性と日本人女性との比較

民族の別 \ 対象国	白人国	アジア人国
アメリカ白人女性回答者	85人	44人
日本人女性回答者	2人	75人

自由度＝1，χ^2値＝232，$p<.001$

であろう。前述した仮説(1)と仮説(2)とから，自明的に仮説(3)の妥当性が導き出せる。

ここまで判明すれば「統計学的有意性」を殊更に強調する必要はないであろう。発見の学問的有意性に着目してもらいたい。日本人であれアメリカ白人であれ，遺伝的構造上において近似する民族に優先的に「財の分配」を願うのである。

10節　結　論

上記の分析結果に示された通り，アメリカ白人と日本人が食糧の分配対象として選ぶ国々は大きく異なる。そのアメリカ白人が選ぶ国々とは多くは白人がマジョリティ（支配層）の国々である。カナダやフランスやイギリス等は，食糧に貧している国々ではないにも拘わらず，アメリカ白人達はアフリカの黒人貧困国を選ぶよりもまずこれらの白人国を「食糧の援助」の対象国に選んでいるのである。これについての発見は，1992年にギャラップ社が発表した「国についての好き嫌い」に関する世論調査の結果とほぼ一致したと考えてもよい。つまりこれらの結果が示唆することは，「生物遺伝構造上の近似性に基づいて食糧が優先的に分配されることがありうる」ということであろう。

とするならば，1972年に生じた異常気象故の飼料不足のおりに，アメ

第 3 章　食糧分配における生物意識から見えてくるアメリカ人の反捕鯨意識

リカ合衆国が軍事同盟国である日本国に対して「大豆の輸出禁輸措置」を行い，政治的敵対国であるソ連に「1,855 万トンの小麦を輸出した」ことも理解出来よう。つまり食糧有事の時には，アメリカ合衆国は白人国に選択的に食糧を分配する筈であり，日本国には分配しないであろう，ということである。昨今の異常気象を考えるならば，食糧有事は単なる杞憂ではなく，常に起こりうることの筈である。とすれば，日本人はアメリカ人に「食糧有事の際に食糧の共有」を期待できるであろうか。多分それは無理であろう。

　むしろこれらの分析結果からすれば，何故にシーシェパードが，ノルウェー人の捕鯨活動に対してよりも，むしろ主に日本人の調査捕鯨に対して妨害行為を行うのかに関しての推測が可能となってくる。彼らが掲げる大儀の底の部分には「生物遺伝構造的近似性」という根拠がある，ということである。

　この前半に使用されたデータは，「捕鯨に関する判断のデータ」ではなく，あくまでも「食糧分配に関する判断のデータ」であった。このデータの分析は，アメリカ白人に関しては 1995 年に既に終了していた。分析結果に関しては，第 6 節に示したようにアメリカ人学生とりわけ白人学生とのやり取りからして，このような結果になることは予測がついていた。分析した結果は予測していた通りであった。だが当時の筆者がアメリカ合衆国の大学の禄を食んでいるという立場上，この分析結果に関して直ぐに論文を仕上げることは流石に躊躇われた。

　そこで 1996 年と 97 年との 2 年をかけて日本人のデータも収集してみることにした。そして日米 2 種類をあわせたデータの分析を終えたのが 1997 年であった。データ分析を終えた時点で，「捕鯨」に関するアメリカ人の判断がどのようなものになるのかについても大凡の予測は出来ていた。

筆者がそのように思っていた 1998 年冬，捕鯨に関する初期データの収集を共同研究者である浜崎俊秀が筆者に依頼してきた。その依頼を快諾して，筆者は筆者が担当する教科目を履修していたアメリカ人学生に回答してもらった。彼らの回答を分析したところ，ほぼ予想通りになった。そこで 1998 年冬から浜崎俊秀は，本格的なデータ収集を開始しだした。それが本章の後半部分である。

II．反捕鯨問題における「人種差別」

　食糧の分配に関するアメリカ白人の判断は，本章の前半部分に記されたとおりである。ただし日本人もほぼ同じ意識をもっているので，俄には他者を批判出来ない場合もある。ではこの点を反捕鯨問題に限って見た場合にはどうであろうか？　興味深い発見を以下に記してみよう。

1 節　「捕鯨問題」と「反捕鯨問題」の区別

　まず，「捕鯨問題」と「反捕鯨問題」とは区別されるべきである。「捕鯨問題」とは，「捕鯨の是非も含めて，人による捕鯨活動が引き起こす諸問題（生物資源の乱獲や生態系の撹乱など）」をさす。このような捕鯨問題は，捕鯨産業が盛んであった 19-20 世紀では，確かに存在していた。事実，鯨という水産生物資源は乱獲されすぎたために，ある種の鯨は存亡の危機においやられた。
　しかしこの問題は 20 世紀の第 3 四半期までであり，21 世紀の現在ではかなり改善されており，今は逆に「反捕鯨問題」が生じだしている。つまり「反捕鯨問題」とは，より詳細にいえば「捕鯨に反対する人々や国々の活動により"人類と鯨を含めた多くの生物種"が被る被害」のことをさす。まず，増え過ぎたある種の鯨は他の生物種を捕食するために，生態系

第3章 食糧分配における生物意識から見えてくるアメリカ人の反捕鯨意識

に悪影響を及ぼしだしている。例えばミンク鯨それ自体の増加による生態系撹乱とそれ故の水産資源の枯渇という問題も指摘されている[8]。次に，鯨の個体数の増加による鯨自身の食糧難と座礁（Stranding 等）問題もある[9]。さらに捕鯨反対活動が，「捕鯨」を文化の一部としてきた民族に対して「文化帝国主義（自国の文化を他国に押し付けること）」を強いている点も問題である。2006-7年に南氷洋でシーシェパードが行った反捕鯨活動の場合が示すように，恐らく「捕鯨問題」よりも「反捕鯨問題」の方が，人類に強いているコストは高くつくようになってきている。

さらにこの「反捕鯨問題」は，今や日本国にとっては食糧有事に関わる問題とも関わるようになってきている。そのことをここで少し考えてみよう。まず反捕鯨の急先鋒に立っている国々の殆ど（取り分け，アメリカ合衆国／オーストラリア／ニュージーランド等）は，日本国への食糧の輸出国なのである。これらの食糧輸出国は，日本国に数百年由来する独自の動物性蛋白質の捕獲を阻止することにより，日本国を安定的な食糧輸入国に留めおくことになり，そこに利益を見出せるのである。これに関して，「捕鯨反対が経済的理由に抵触する場合には，アメリカ人の捕鯨反対意識が減じてしまう」ということについては，本書の第9章において明らかにされている。それ故に，アメリカ人による反捕鯨の主張が，人道主義からではなく経済的理由からでもあることは，大いにありえることである。仮に事が経済的理由だけであるならば，まだ容認できるかもしれない。

だが事は単なる経済的理由だけではない。本章の前半部分において見てきたように，アメリカ白人がいざという時の食糧の分配を考える際には「白人国」を他の如何なる国々よりも優先させており，アジア人国への食糧の分配はあまり期待できないし，ましてや日本国への食糧の分配などは殆ど期待不可能であることが分かった。つまり，鯨という水産生物資源の分配に関しても，「生物遺伝構造上の近似性に基づく財と富の分配意識」という点がありえて然るべきなのである。

2節　日本人の主張とそれへの反論

　「捕鯨反対活動」および「反捕鯨活動」を日本人に対する陰謀である[10]，あるいは人種差別と捉える見解は日本では長く言われてきた。この主張は，とりわけオピニオン・リーダー達により表明されてきた。山本七平や三崎滋子は，この点をつとに指摘してきた[11]。とりわけ国際捕鯨委員会などで活躍してきた三崎滋子は，この論点を主張している。日本人のこの主張に対し，欧米人からは常に「それは日本人の誤解か勝手な被害者意識に過ぎない」という反論が，多くなされてきた。以下に，その諸例の幾つかを挙げてみよう。

　例えば，日本人論批判で知られているロビン・ギルは『日本人論探検』（TBSブリタニカ，1985年）において，次のように述べている。

> 「まず，日本だけが「白人」の被害をうけたとするのは，はなはだしい勘違いだ。反捕鯨で言えば，グリーンピースが日本の捕鯨船を邪魔したのは，他の様々な国の捕鯨船の作業を妨害してからのことである。………なかには，自分の船で捕鯨船に体当たりをしたり，機雷をつけ，捕鯨船を沈めたりした例もある。そういった運動の経歴をみればわかるのだが，白人たちはどちらかと言えば，日本人に対して意外に「遠慮」してきたようだ。」（同書，17頁）

　もう1つ例を挙げてみよう。ロビン・ギルと殆ど同じことを，BaileyとMcKayは，丹野・浜崎論文への批判論文の中で，次のように述べている。

第3章　食糧分配における生物意識から見えてくるアメリカ人の反捕鯨意識

「第一に，反捕鯨の非政府組織が日本の捕鯨をターゲットにしてもノルウェイの捕鯨をターゲットにしなかったという Tanno と Hamazaki の示唆は，単純に間違いである。反捕鯨の非政府組織は長期にわたりノルウェイと多くの様々な国々をターゲットにしてきた。」[12]

これらの指摘以外でも，「反捕鯨は日本人への民族差別ではない」と反論する人は多い。もっとも日本人の中にも，原剛のように「反捕鯨を日本人への人種差別」と捉えることに疑問を呈している人もいる。日本人が主張する反捕鯨運動における人種差別について，原は『ザ・クジラ』（文眞堂，1984年）において次のように述べている：「人種差別感は陰微な感情の領域で醸成される。その表現方法は屈折していて，それとはっきりさし示すことはむずかしい。……私にはわからない」（同書，272-273頁）。

これらの見解に共通する事は「差別それ自体を測定しない議論である」ということである。測定をしないのであるから，原のように「私にはわからない」といって逃げることも出来る。これはマス・メディアで許されても，社会科学では許されない。

人種差別とは，程度の差はあれ，誰でも何らかの形においてしがちなものであり，それ自体をここでは大問題と考えるのではない。本当の問題は，表面上は「人種差別をしておりません」と述べながらも，表面に現さない「意識」の中に人種差別を潜ませている時なのである。「捕鯨問題」に人種差別についての問題はなかった筈だが，一方の「反捕鯨問題」には人種差別が潜む可能性がある。この点こそが，実は「反捕鯨問題」が問題たる所以なのである。ならば「反捕鯨問題」における人種差別とはどのようにして解明されるべきであろうか。この点の解明を丹野大と浜崎俊秀とは，'Is American Opposition to Whaling Anti-Japanese?' (*Asian Affairs*, Vol.27, no.2, pp.81-92, 2000) という研究論文において既に解明を

Ⅱ．反捕鯨問題における「人種差別」

行った。本章の後半部分はその論文に依拠している。

3節　定立されたリサーチ・クエスチョンとテストされた仮説

　かくして「反捕鯨問題」における人種差別の有無について，1つのリサーチ・クエスチョンが湧き起こってくる。それは，「仮にアメリカ白人達が5つの捕鯨民族に捕鯨を認める（捕鯨容認）とした場合に，アメリカ白人達はそれら5つの捕鯨民族を差別せずに平等に彼らの捕鯨を容認するであろうか？」という疑問である。アメリカ白人達が，反捕鯨の問題において日本人に対して人種差別をしていることを簡単に認めることなどまずありえない。ここで仮に百歩譲って，「反捕鯨運動が日本人による捕鯨だけをターゲットにした人種差別ではない」というアメリカ白人達による主張を認めることにしてみよう。

　そこでテストされた帰無仮説は以下のようになる。「アメリカ人（白人）とは，捕鯨容認の度合いにおいては，5つの捕鯨民族を決して差別していない」という仮説になる。この仮説は，「反捕鯨は，日本人だけを対象にした人種差別ではない」と主張する人々が正しいとした場合の仮説である。とした場合，ここでの「従属変数（説明されるべき変数）」は，「捕鯨民族による捕鯨がアメリカ人によって容認される度合い」であり，「独立変数（説明する変数）」は，「5つの捕鯨民族間の別」である。これは「5つの捕鯨民族による捕鯨がアメリカ人によって容認される度合いにおいて差が生じない」ということである。つまり，この帰無仮説に従えば，アメリカ人回答者達は，複数の捕鯨民族による捕鯨容認度に全く差異をもうけていないと想定してもよい。ここでは白人の主張を正しいものと仮定している。こうなると代替仮説は，「5つの捕鯨民族による捕鯨容認度において，アメリカ人は差異を設けている」ということになる。この代替仮説こそ，アメリカ人が認めたがらないものである。

第3章 食糧分配における生物意識から見えてくるアメリカ人の反捕鯨意識

表3-10 捕鯨容認に関する代替仮説 VS. 帰無仮説

代替仮説（日本人の主張）	帰無仮説（アメリカ人の主張）
捕鯨容認に関して，アメリカ人は5つの捕鯨民族に差別を設けている。	捕鯨容認に関して，アメリカ人は5つの捕鯨民族に差別を設けていない。

　実はアメリカ人にとって人種差別など自明の理ではあるが，それを公然と認めることは社会的な観点から許されないのである。2007年に発生したある1つの事件がそれを物語っている。その事件とは，その昔にDNAの二重螺旋構造を発見してノーベル賞を1958年に受賞したワトソン博士が，アフリカ系アメリカ人の能力を見下した発言により，職を辞することになった事件である。ワトソン博士の見解に対して「それを裏付けるような研究は無い」という批判がなされ，博士はやむなく職を辞することになった。ワトソン博士は言いたいことを述べただけなのであろうが，それをいわば公人が公然と述べてはいけないことになっている。本章が掲げる代替仮説とは，まさしくこの「述べてはいけないこと」である。が，万が一この代替仮説が支持されるデータ分析の結果が残った場合には，日本人の主張の妥当性が残る。以下にそれを検討してみよう。

4節　方法論：用語の定義（操作化）／データの収集／数値の意味

（1）　人種差別とは？　民族差別とは？

　「人種差別」とは，既に記した通り，「人々間の優劣（取り分け人種に基づく優劣）を信じて，ある人々が特定資源（自然資源や社会的資源等）を得ようとする際にその人々が資源を獲得することを妨げること」である。「民族差別」とは，人種差別とほぼ同じであるが，「人種」ではなく「民族（同一の文化を共有する社会集団）」を単位として差別することである。ただし「人種差別」も「民族差別」もほぼ重なっている。これらの測定の点

II．反捕鯨問題における「人種差別」

では，「人種"間"差別」や「民族"間"差別」が比較的簡単に測定可能であるが，「人種差別」や「民族差別」の測定が難しいということは，既に述べた。

　さて，捕鯨反対問題に関して言えば，「捕鯨文化」あるいは「それを認めようとしない反捕鯨の立場」という文化上の対立がある。とりわけ「鯨肉食」を食文化の一部としている鯨肉食文化と，それを「Despicable（卑しむべき）」とみなす文化の対立があるので，まず「文化的対立に根ざした差別」がある。その昔において共に捕鯨をしてきた諸民族であっても，ある民族においての捕鯨は主に「鯨油を求める営利追求産業の経済活動」であり，他の民族においての捕鯨は「鯨肉食も含めた生存用の経済活動」としてなされた。だが，事はこの文化的対立だけでは終わらない。アメリカ人による捕鯨反対運動は，「白人による捕鯨への反応」と「日本人による捕鯨への反応」との間に区別を設けている。民族性に基づく差別というよりも，人種性に基づく区別と考えたくもなる。

　ここでの問題とは，捕鯨反対運動をしている白人（アメリカ人やオーストラリア人等）の行動の背後に，日本人への「人種差別・民族差別」は本当に無かったのであろうか，ということである。確かに非政府組織（NGOs）は，あれこれと差別することもなく，反捕鯨活動をしてきたかもしれない。だが，NGOsのような活動に参加出来ない一般の人々も，反捕鯨の意識において，人種差別や民族差別をしていないのであろうか？もし万が一あるとすれば，日本人への人種差別や民族差別の度合いは，他の捕鯨民族へのそれと比べて，どの程度のものであろうか，という疑問はやはり残される。

　この疑問をテストすることは，全く不可能でもないのである。「人種差別」や「民族差別」という言葉を明確に定義して操作化しそれを測定してみれば，テストすることは可能である。測定が不可能に見える社会的事柄でも測定してみせることが，社会科学の仕事である。

（2）「捕鯨民族による捕鯨を容認すること」を操作化すると

　捕鯨各民族への「反捕鯨の度合い」を測定するということは，「捕鯨各民族による捕鯨を容認することの度合い」を測定することとなる。それは，次の5つの陳述のそれぞれについて，与えられた「7つの選択肢」から1つを選ぶということで測定された。その「順序（Ordinal Scale）」の選択肢とは，次の7つである。1：強く不同意，2：中位に不同意，3：少々不同意，4：同意・不同意いずれでもなし，5：少々同意，6：中位に同意，7：強く同意。ここでも選択肢「4」は，同意・不同意のいずれでもなく「中立」を意味する。

表3-11　「5つの捕鯨民族による捕鯨を容認する度合い」測定用5項目

1：アラスカのイヌイット人は，捕鯨を許されるべきである。	1	2	3	<u>4</u>	5	6	7
2：グリーンランド人は，捕鯨を許されるべきである。	1	2	3	<u>4</u>	5	6	7
3：アイスランド人は，捕鯨を許されるべきである。	1	2	3	<u>4</u>	5	6	7
4：日本人は，捕鯨を許されるべきである。	1	2	3	<u>4</u>	5	6	7
5：ノルウェイ人は，捕鯨を許されるべきである。	1	2	3	<u>4</u>	5	6	7

　勿論，これらの5つの陳述が，アンケート用紙の1箇所にまとめて並べられているのではない。そのようなことをすれば，回答者が調査者（Researchers）の測定の意図を直ぐに見破ってしまうので，他の様々な質問項目に混ぜられて，これらの5つの1個1個が並べられた。ここでさらに注意をしておきたい点がある。それは「グリーンランド人」についてである。グリーンランドとは，デンマーク領であり，そこではデンマークから移り住んで捕鯨を行っている「白人捕鯨者」のことをグリーンランド人であるとした。イヌイット人先住民捕鯨者を意味することではないとし

た。従ってこれはある意味では Dummy Question（架空の問い）であった。

（3） 社会調査での注意

　ここでこれら5つの陳述について，一般の読者などからしばしばなされる質問について言及しておこう。それは，「アラスカのイヌイット人の捕鯨と日本の捕鯨は同じものではないでしょう。またアラスカのイヌイット人が捕獲しようしている鯨と日本が捕獲しようとしている鯨とでは違うはずです。そのような違いを告げずに，回答者にこれら5つの民族の捕鯨の賛否を訊ねることは，本当に比較可能なものなのですか」という質問である。同じことは，丹野と浜崎との研究を批判している Bailey と McKay も「そもそも，日本人の捕鯨とアラスカのイヌイットの捕鯨とでは，同一のものではなく，これを同じものとして，質問すること自体が誤りだ」（前掲論文，149-150頁）と指摘している。

　社会調査でのアンケートというのは，回答者にあまりくどくどした情報は与えない場合がある。本書が依拠した社会調査用アンケートは，回答者に各捕鯨民族の捕鯨の違いについての詳細な情報を提供しなかった。その最大の理由は，仮に「アラスカのイヌイット人は絶滅危惧種のホッキョク鯨（推定7,000頭）を捕獲しており，一方日本人は絶滅危惧種ではないミンク鯨（推定760,000頭）を捕獲している」という情報を提供すれば，回答者から「作為」とみなされてしまうからである。アンケートにおいて調べたかったことは，捕鯨の形態や目的において捕鯨民族間での差はあれ，回答者達が「各捕鯨民族による捕鯨をどこまで容認するのか」という単純な点の解明に焦点を置いてなされた。つまり，回答者達に「国ごとの違い」を訊ねたわけではなく，むしろ「捕鯨民族ごとの違い」を訊ねたのである。なんとなれば，「捕鯨」とは，もともと「国を単位としてなされてきた経済活動」というよりも，北東シベリア地方のチョクチ人もそうであ

るように，「鯨を捕らえて生きてきた民族を単位としてなされてきた民族の文化・経済的活動」であるからだ。

（4） データ：後半部分が依拠したアメリカ人サンプル（回答者）とは？

これは第2章3節（29-32頁）において記した通りである。ただしここで，「本章前半部分に使用されたサンプルデータ（278人）」と「この本章後半部分で使用されているサンプルデータ（448人）」との幾つかの違いを明記しておく。1つは収集地の違い：前者はどちらかというと東海岸の2地点で収集されたが，後者は地域的偏りも小さく全米の東西南北からほぼ均等に収集された。もう1つは人口構成の違い：前者は白人学生のデータに限られたが，後者は非白人のデータも若干含まれている。全米の大学における学生の比率で言えば，アフリカ系アメリカ人（黒人）は通常では5％位であり，極めて少ない。前者は最初からその5％を除いており，後者はその5％を除いていない。

（5） 数値の転換

上記したように，回答者達は「Likertの7段階Ordinal（順序）Scale」の1つを選ぶという形で答えた。その順序（Ordinal Scale）では，「4」が「中立・中間」である。そこで，この7段階のOrdinal Scaleで答えられた選択肢を，回答後で，以下のように「－3」から「＋3」の範囲に転換した。

このように転換することにより，回答者が各民族による捕鯨を容認する場合には，「＋」となり，捕鯨に反対する場合には「－」となる。勿論，回答は，個々の回答者により異なる。ある回答者は，全ての場合において「1（強く不同意）」を選ぶこともあるし，またある別の回答者は，捕鯨各民族に応じて，1を選んだり，7を選んだりしてくる。そのような差があっても，回答者全体の平均値を，我々は測定したかった。そこで，仮に

Ⅱ．反捕鯨問題における「人種差別」

表 3-12　7選択肢の数値を転換した場合

選択肢		転換した後の数値
1：強く不同意	→	－3
2：中位に不同意	→	－2
3：少々不同意	→	－1
4：同意・不同意いずれでもなし	→	0
5：少々同意	→	＋1
6：中位に同意	→	＋2
7：強く同意	→	＋3

ある捕鯨民族への捕鯨容認度についての回答者全員の平均数値が「－1.5（中位に不同意と少々不同意との中間）」であるとなった場合には，それは「捕鯨反対」を意味し，逆にある捕鯨民族へのそれが「＋1.0（少々同意）」であるとなった場合には，それは「捕鯨容認」を意味する。と同時に，そこには「差別がなされた」と判断されてもよい。

　しかしその一方では，この Ordinal Scale を使用した場合に出会う批判の1つを言及しよう。Ordinal Scale とはあくまでも「順序」を訊ねているので，数値上の「＋3（強く同意）」とは数値上の「＋1（少々同意）」の3倍である，ということではない。つまり，仮にノルウェイ人による捕鯨についての容認度が「－1」となり，日本人による捕鯨についての容認度が「－2」となったとしても，日本人による捕鯨が「2倍」反対されているということではない。これらの数値は，差異を明示しようとした場合にどこまで現れるのか，ということである。

5節　データ分析の結果

　さて確認しておこう。帰無仮説は「捕鯨容認度において，アメリカ人は5つの民族間に差異を設けていない」というものであり，代替仮説は「捕鯨容認度において，アメリカ人は5つの民族間に差異を設けている」とい

うものである。ここでの「従属変数（説明されるべき変数）」は、「各捕鯨民族による捕鯨をアメリカ人が容認する度合い」であり、「独立変数（説明する変数）」は、「5つの捕鯨民族間の別」である。帰無仮説は、「反捕鯨は、日本人だけを対象にした人種差別ではない」というアメリカ人の主張が正しいとした場合の仮説である。つまり、この仮説に従えば、この調査研究に参加した回答者達も、5つの捕鯨民族による捕鯨容認度に全く差異をもうけていない、はずなのである。ある捕鯨民族への捕鯨容認度が「＋0.3」であるとすれば、他の捕鯨民族への捕鯨容認度も「＋0.3」になるはずである。ノルウェイ人の捕鯨を「＋0.5」において容認したとすれば、他の4つの捕鯨民族の捕鯨も「＋0.5」において容認するはずである。

では分析の結果は帰無仮説通りになったであろうか？ 分析の結果を表3-13において示そう。男女ともに、5つの捕鯨民族による捕鯨を容認する度合いに差異を設けている。最初にアラスカ・イヌイット人を置き、次に3つの白人捕鯨民族を置き、日本人は最後である。これは帰無仮説を支持している結果ではない。

表3-13　5つの捕鯨民族に関してアメリカ人回答者達が下した捕鯨容認度

捕鯨民族＼性別	女性	男性
アラスカ・イヌイット人	-0.20 ± 0.1^a	$+0.70 \pm 0.1^a$
アイスランド人	-0.71 ± 0.1^b	$+0.01 \pm 0.1^b$
グリーンランド人	-0.81 ± 0.1^b	$+0.01 \pm 0.1^b$
ノルウェイ人	-0.82 ± 0.1^b	-0.00 ± 0.1^b
日本人	-1.01 ± 0.1^b	-0.53 ± 0.1^c

注：アルファベットの文字（a, b, c）は、ANOVA（Analysis Of Variance）により分析（$\alpha < .05$）した場合に、回答者が各捕鯨民族のそれぞれをどの集団として捉えているのかを示している。女性回答者は、アラスカ・イヌイット人（aの文字により表現）を他の4つの捕鯨民族（bの文字により表現）とは別と捕らえている。男性回答者は、アラスカ・イヌイット人（aの文字により表現）を1つ、他の3つの捕鯨民族（bの文字により表現）を1つの集団、そして日本（cの文字により表現）を1つの別物として捕らえている。

II．反捕鯨問題における「人種差別」

　これらの数字的表現だけでも，帰無仮説は統計学的に充分に否定されたが，これらの数字をさらに視覚的にもわかり易いように表現してみよう。それが以下の図3-1および図3-2である。図3-1は，女性回答者（271人）が5つの捕鯨民族に関して判断した捕鯨容認度における差異である。図3-2は，男性回答者（177人）が5つの捕鯨民族に関して判断した捕鯨容認度における差異である。一般的にいえば女性の方が捕鯨容認度が低い事は知られておりその通りになったが，男女の回答者が「日本人による捕鯨を容認する度合い」は1番最後であるということである。

　要するに，男女の回答者から得られた数値は上記の「帰無仮説」を支持するものではなかった，ということである。これらの数値が示唆しているものは，男女間に捕鯨容認度において差はあれ，捕鯨民族による捕鯨の容認度あるいはむしろ「捕鯨反対度」において，アメリカ人は捕鯨各民族間に差異を設けている，という点である。かつその差異の度合でいけば，1位が自国の捕鯨民族（アラスカのイヌイット人），第2位がヨーロッパの

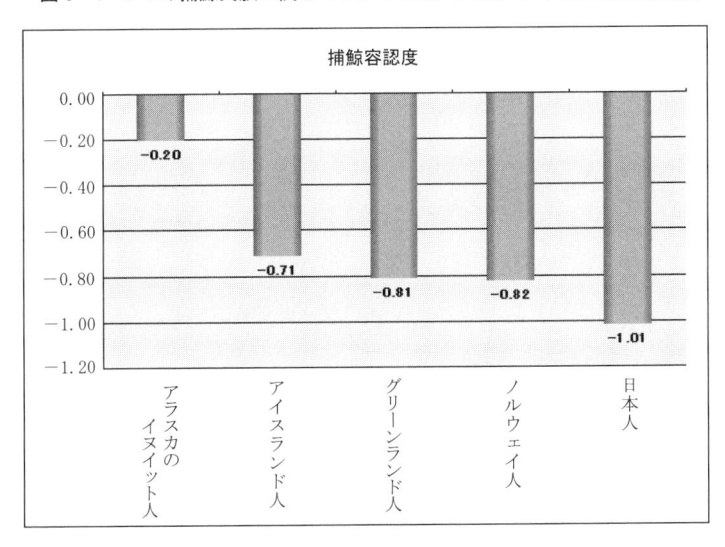

図3-1　5つの捕鯨民族に関してアメリカ人（女性）が下した捕鯨容認度

捕鯨民族	捕鯨容認度
アラスカのイヌイット人	-0.20
アイスランド人	-0.71
グリーンランド人	-0.81
ノルウェイ人	-0.82
日本人	-1.01

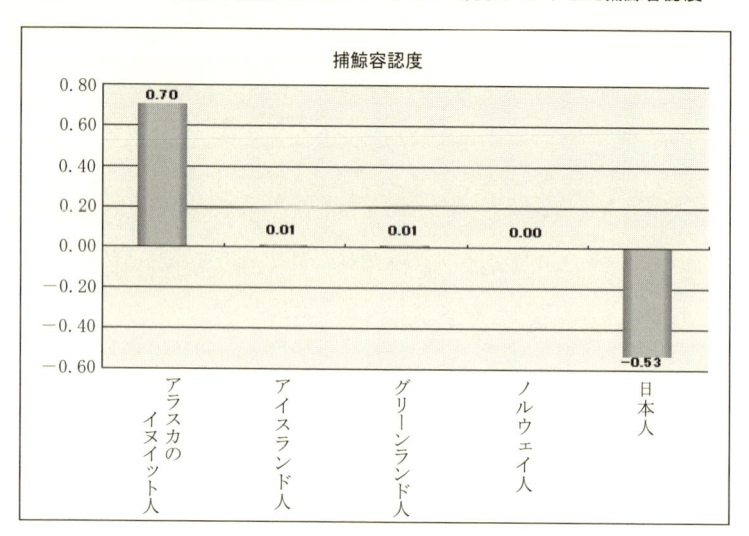

第3章　食糧分配における生物意識から見えてくるアメリカ人の反捕鯨意識

図3-2　5つの捕鯨民族に関してアメリカ人（男性）が下した捕鯨容認度

```
捕鯨容認度
アラスカのイヌイット人: 0.70
アイスランド人: 0.01
グリーンランド人: 0.01
ノルウェイ人: 0.00
日本人: -0.53
```

3つの捕鯨民族（アイスランド人とグリーンランド人とノルウェイ人），そして最下位の5番目に日本人が置かれている，ということである。

6節　結論：リサーチ・クエスチョンへの回答

　定立されたリサーチ・クエスチョンは，「仮にアメリカ人が5つの捕鯨民族に捕鯨を認める（捕鯨容認）とした場合に，アメリカ人はそれら5つの捕鯨民族を差別せずに平等に彼らの捕鯨を容認するだろうか？」というものであった。これを「帰無仮説（アメリカ人とは，捕鯨容認の度合いにおいては，5つの捕鯨民族を決して差別していない）」としてテストした。上記の分析結果により，この帰無仮説は拒否された。ここの数値に表れていることは，アメリカ人回答者が各捕鯨民族の「捕鯨容認度」をたずねられた場合には，意識的あるいは無意識であれ実は差別をしていた，ということなのである。アメリカ人回答者は，ノルウェイ人と日本人とを共に

「捕鯨民族」とみなしていたにしても、人種の別により「財の入手権利」において差をもうけていたのである。「反捕鯨は、日本人への人種差別ではない」という主張が本当であるならば、この差は出てこないはずである。アメリカ人の主張の方が覆ったようである。この場合には、日本人の主張の妥当性の方が残ったと考えてよい。「日本人は金持ちなのだから、もう鯨を捕る必要は無い」とアメリカ人がいうのであれば、同じく金持ちのノルウェイ人やアイスランド人にも、同じように言うべきであろうが、ノルウェイ人やアイスランド人にアメリカ人はそうは言わない。これこそが、アメリカ人の二枚舌なのであり、アメリカ人のご都合主義なのである。

アメリカ人による反捕鯨意識は、アメリカ人による数ある「日本叩きや人種差別」のほんの1つに過ぎないであろう。なんとなれば、人々が希少資源や有価資源を分配する時には、所詮は何かしらの基準や原則に基づくからである。その基準として「市場での適正な競争による分配」もあれば「有力者による政治的判断による分配」もある。「人種間の違いを根拠に、財の分配を決める」としても、それはあり得ることである。それらの中のいずれを使用しようとも、それは人々の好き好きである。差別が問題となるのは、その根拠とする基準や原則を公言しない時に起こるのである。あるいは公言していても、実はそうして公言していた基準や原則とは違う二重基準や原則を使用した場合に起こるのである。どうやら、「反捕鯨問題」は、そうした面を含んでいる。

III. 第3章全体の結論

本章の前半部分で使用されたアメリカ白人のデータは、1995年には分析が終了しており、その時のデータ分析結果からしても、アメリカ人が「捕鯨容認」において日本人に好意的な反応をしないことは予想されてい

た。この後半部分で使用されたアメリカ人のデータは，著者の共同研究者である浜崎俊秀が 1998 年に収集したものであった。そのデータの分析結果は，まさに予想したとおりであった。アメリカ白人は，食糧の分配においては，日本人を他の白人と同じレヴェルの好意的態度では扱わないのである。

　ここに記したように，アメリカ人が下す「他の複数民族に関する評価」を比較可能な形において測定すると，このような差異が明晰に発見されることがある。前半部分のデータ分析の結果は「生物遺伝構造上の近似性」に基づく判断であることが判明し，後半のデータ分析の結果は「捕鯨民族」を「人種」に応じて差別をしている立派な「人種差別」であることが判明した。そもそも「人種差別」を測定することは常に難しいが，「ある財や資源を全ての民族や人種に均等かつ平等に分配するのか」という観点からアメリカ人の判断を測定してみると，このような差別が浮かび上がってくる。この 3 章後半部分に使用されたデータ分析を終えて，「人種差別」を発見した時の浜崎と丹野は，「アメリカ人よ，これでも"反捕鯨は反日本の人種差別ではない"と主張する気なのか，見え透いた嘘を言うことは止めなさい」という思いであった。

参考・引用文献
(1) 3 章前半部分は，丹野大『アメリカ白人による日本批判―民族間関係の研究』(成山堂書店，2010 年) から直接に引用している部分が多々ある。表 3-1 等は，同書 11 頁から引用している。
(2) The Gallup (1992), "Americans Show Mixed Reactions to Japan," *The Gallup Poll Monthly*, 317, pp.2-6.
(3) 人種の定義は，次のものによる。M.N. Marger (1994), *Race and Ethnic Relations*, Belmont, California: Wadsworth Publishing Company.
(4) 進化に関しては，次のものによる。M.W. Strickberger (2005), *Evolution: Third Edition*, London: Jones and Bartlet Publishers および C. Stanford, J.S. Allen and S. Anton (2005), *Biological Anthropology: The Natural History of Humankind*, New York: Prentice Hall. 等。
(5) 近藤康夫 編集代表 日本農業年報第 24 集『第三の武器―食糧』(御茶ノ水書房,

1975 年)。
(6) 大隈清治『クジラと日本人』(岩波新書,2003 年),秋道智彌『クジラは誰のものか』(ちくま新書,2009 年),小島孝夫『クジラと日本人の物語―沿岸捕鯨再考』(東京書店,2009 年)。
(7) 高島光雪『日本進攻アメリカ小麦戦略』(家の光協会,1979 年),ダン・モーガン『巨大穀物商社―アメリカ食糧戦略のかげに』(日本放送協会出版協会,1980 年)。
(8) 小松正行『クジラは食べていい』(宝島社新書,2000 年),小松正行・三崎滋子『捕鯨論争の真実』(日本捕鯨協会,2004 年)。
(9) 森下丈二『なぜクジラは座礁するのか?「反捕鯨」の悲劇』(河出書房新社,2002 年),1990 年代以降の鯨の座礁に関しては,石川創の研究(『鯨研通信』)による。
(10) 梅崎正人『動物保護運動の虚像―その源流と真の狙い―』(成山堂書店,2001 年)。
(11) S. Yamamoto (1985), "Preservation of our traditional whaling," The Whaling-Culture, Japan Whaling Association, pp.12-13.
(12) J. Bailey and B. McKay (2002), "Are Japanese attitudes toward whaling American-bashing?: A response to Tanno and Hamazaki," *Asian Affairs*, Vol.29, no.3, pp.148-158.

第 4 章
反捕鯨意識についての「指標」をつくる：
「説明されるべきもの」

第 13 次（1999－2000年）南氷洋鯨類捕獲調査活動に対し妨害活動をするグリーンピースのボートとヘリコプター（写真提供・日本鯨類研究所）

要　約　　反捕鯨あるいは捕鯨反対の意識をめぐる諸問題を調べるためには，まず人々が心の中で懐く「(一般的に考えた場合での)捕鯨容認」という概念 (Concept) の測定方法が確定されねばならない。この「捕鯨容認」という概念の測定方法はこれまで如何なる研究においても示されてこなかったのである。だが一般的に言われてきた捕鯨推進論者の幾つかの陳述等を基にして因子分析をした結果，測定可能な「指標」として表現されることが判明した。一度この概念が測定可能な指標となれば，この「捕鯨容認」がこの領域での「説明されるべきもの(従属変数)」となる。この章では，この概念が測定可能な指標となる過程を順を追って示すことにより，社会科学において未開拓な指標を新たに作り上げていく「痛み(手順の面倒臭さ)と楽しさ」も示している。

1節　何が研究対象であるのか

　ある1つの学問と他のもう1つの学問とを区分するものは，多くの場合，当該学問が研究対象とするものの違いによる。植物を研究対象とすれば「植物学」となり，動物を研究対象とすれば「動物学」となる。しばしば誤解する人もいるが，学問領域の違いは，研究方法やデータを収集する際の方法の違いによってなされるものではない。さらに，ある1つの学問が確立されてくる過程とは，同時に平行して，研究対象となるものの確立の過程でもある。例えば，エミール・デュルケムの研究がそうであるように，個人の意識を超えた「人間の社会的行動」が発見される過程が，社会学の確立の過程でもあった。それを文化人類学で言えば「文化が各民族によって異なるということの発見」であった。つまり，研究対象の確立の過程とは，「説明されるべきもの」の発見と確立の過程でもある。そもそも「説明されるべきものが何であるのか」を明確に出来なければ，学問領域の確定もありえない。仮に「説明されるべきもの」として「生育」を研究

第4章　反捕鯨意識についての「指標」をつくる：「説明されるべきもの」

対象とするとした場合でも，「小麦の生育」を研究すれば「植物学」であり，「ライオンの生育」を研究すれば「動物学」である。

　「説明されるべきもの（従属変数）」が明確になった後は，それを「説明するもの（独立変数）」の特定化が課題となる。仮に「生育」が「説明されるべきもの」となったとしても，「小麦の生育」の場合には，それを説明するものとして「水や日照や各種の肥料」等が生育に及ぼす効果がテストされるであろうし，それが「ライオンの生育」の場合には，それを説明するものとして「餌となる他の動物の量とか餌をめぐって競争関係にある他の捕食動物などの数」等が生育に及ぼす効果がテストされるであろう。ただし「説明されるべきもの」が明確になっていることが即ち，「説明するもの」が簡単に見つかる，というものでもない。仮にこれを卑近な例として「日本人の英語教育の場合」で考えてみると，そのことがよく分かる。日本人の英語教育において「説明されるべきもの」とは，主に学習者の「英語における熟達度（Proficiency）」である。ある人は高い熟達度を示し，ある人はなかなか熟達しない。このような差を「説明するもの」が実は無数にある。特定の要因がある程度まで関ってくることが解明されてはいるが，それ以外の諸要因がどのようにどこまで関わってくるのかという点は，まだまだテスト中である。個々人の間の英語熟達度の差を100%説明出来る要因は，まだ見つかってはいない。研究者とはそれらを見つけることを目標として研究を続けているが，殆ど永遠に「探求中」となる。

　そこで上記の諸点を本書の場合で明確にしてみよう。第一に，本書の研究対象である。上述した点からも明らかであるように，本書の対象は「鯨」ではなく「反捕鯨を主張する人々とりわけアメリカ人」である。従って本書は「鯨類学」の研究ではなく，実は人間の研究である。ただし，人間の生物的行動ではなく，アメリカ人の「反捕鯨意識に関する」研究である。つまり対象は，行動としては観察され難いものである。ここに本研究の最大の課題がうまれてくる。第二に，本書での「説明されるべきもの」を明

確にしよう。1つには，アメリカ人がいだく「捕鯨民族によってなされている捕鯨を容認する度合い」である。これを測定したことにより，上記したようにアメリカ人による「暗黙的日本叩き(Implicit Japan-Bashing)」の発見がなされた。もう1つには，「一般的に考えた場合での捕鯨を容認する度合い」である。これの測定も課題である。第三に，上記の「説明されるべきもの」としての「捕鯨を容認する度合い」を「説明するもの」が焦点となる。だがこの「説明するもの」と目されている諸要因の特定化は簡単なことではない。推定される要因の数が莫大であり，加えて，「説明されるべきもの」と同様に「説明するもの」も，目による直接的観察が不可能な抽象的概念の領域にあるので，それを測定可能な経験的領域に移し替えねばならないからである。そこでまず，その移し替えの過程を「説明されるべきもの」の場合において見てみよう。

2節　操作化の問題：抽象的概念の測定方法（「指標」を作る）

全ての人々が必ずしも同意している訳ではないが，科学を「Hard Science」と「Soft Science」との2つに分ける考え方がある。前者に当たるのが「物理学や化学等の自然科学」であり，後者に当たるのが「社会学や心理学や人類学等の社会科学」である，という考え方である。これらの2つの科学を分かつものの1つが，研究対象の測定と観察の難しさの度合いである。Hard Scienceでは，体重であれ速度であれ，測定方法がよく確定されているが，Soft Scienceでは測定方法が十分に確定されていない。この問題を克服するためのものがブリッジマンが提案した「操作化(Operationalization)」である[1]。ただし「操作化」とは，抽象的概念を100％完全に測定出来るものではない。そもそも抽象的概念を100％測定出来たのか否かは判断し難い。だが，操作化もせず測定もしないで議論するよりは，不完全であれ操作化して測定をした方がまだましなのである。

第4章　反捕鯨意識についての「指標」をつくる：「説明されるべきもの」

　第2章の方法論に関する記述において示したように，社会科学においては「抽象的概念」を定義し操作化して，測定可能な「経験的領域の変数」に転換して，さらに仮説をテストしていくことが要求される。この転換とは，「目では直接的に観察出来ない心的映像（Mental Image）」を「他の何かに置き換えて測定出来るもの」へと転換する過程である。この過程は，ある意味では，研究者による「Art Work」に近い。ただし「単なるArt Work」と違う点は，この転換とその後のテストは，他の人々による再検証や追実験が可能である，ということである。とりわけ，この作業は「一般に信じられている俗説（Folk Assumption）」をテストしていく場合には，研究者による「Art Work」的試行錯誤に依存して行われる。当然の如く，この試行錯誤的作業には，「痛み（手続き上面倒くさい，ということ）」が伴う。だがこの痛みは，経験的領域でのテストを使命の1つと考えている社会科学では避けて通れない。

　そこで，「説明されるべきもの」としての「一般的に考えた場合での捕鯨容認」を操作化して測定し「指標（Index）」として作り上げていった手続きを，以下に記してみよう。まず「説明されるべきもの」を「指標」として確定することが急務である。「指標（Index）」とは，「当該概念の基礎をなす複数のIndicatorsを合成した測定（Composite Measure）方法」のことである[2]。そもそも「抽象的概念」というものは，たった1個のIndicatorや1個の質問項目への回答により測定することなど難しいからである。ここで仮に「人の誠実さ」というものを測定することとしてみよう。さて「人の誠実さ」とは，だた1つのことで測定出来るであろうか？「時間を守る場合の誠実さ」や「金銭貸借上の誠実さ」や「言葉を行動で示す誠実さ（言行一致）」など実に様々な点において測定出来るはずである。1個の質問項目への回答による測定よりも，複数個の質問項目への回答を合成して平均を求める測定方法の方が誤差が小さくなるのである。つまり，測定上の誤差を小さくするためのものが指標である[3]。

3節　関係しそうな陳述（Statements）を集める

「指標作り」の第一歩は，当該の俗説（Folk Assumption）やそれについての既存の研究が示唆するものを参考にして，関係しそうな陳述を集めてみることから始まる。「一般的に考えた場合での捕鯨容認」は，次の5つの陳述項目を Freeman と Kellert によってなされた研究 "Public Attitudes to Whales: Six-Country Survey"（1992年）において使用された諸項目を基本にして，かつ捕鯨問題の研究者の弁から集めてみた[4]。

表4-1　「一般的に考えた場合での捕鯨容認」測定用5陳述項目

1	絶滅危惧種ではない鯨は，種の維持が可能なレベルでの商業的な捕獲がされてもよい。………	1　2　3　4　5　6　7
2	絶滅危惧種ではない鯨を捕獲することは，何も悪くない。………………………………	1　2　3　4　5　6　7
3	絶滅危惧種ではない鯨は，伝統的に鯨を捕獲している人々の社会的・文化的必要性のために捕獲されてもよい。………………	1　2　3　4　5　6　7
4	もし鯨の個体数が再び十分になれば，捕鯨は種の維持が可能なレベルで許されるべきである。………………………	1　2　3　4　5　6　7
(5)	如何なる状況のもとでも鯨は捕獲されるべきではない。………………………………	1　2　3　4　5　6　7

4節　反対陳述項目も試してみる

まず1番目から4番目までは，捕鯨推進論の弁であるが，第5番目の「如何なる状況のもとでも鯨は捕獲されるべきではない」という陳述は，捕鯨反対論の弁である。その限りにおいて，この項目への回答は，回答された数値を入れ替えて入力することとなる（Reverse Scored）。つまり次のように入れ替える。［反対陳述は（　）付きで表記］。

第4章　反捕鯨意識についての「指標」をつくる：「説明されるべきもの」

表4-2　Reverse Scored の転換数値

選択肢	本来の数値転換	逆転換した場合の数値
1（強く不同意）	「－3」	＋3
2（中位に不同意）	「－2」	＋2
3（少々不同意）	「－1」	＋1
4（同意・不同意いずれでもなし）	「0」	0
5（少々同意）	「＋1」	－1
6（中位に同意）	「＋2」	－2
7（強く同意）	「＋3」	－3

　この転換が意味することをもう少し説明しよう。仮にある回答者が，反対陳述「如何なる状況のもとでも，鯨は捕獲されるべきではない」についての7つの選択肢のうちから「6（中位に同意）」を選んだとしよう。この場合には，この選択肢は，実は「捕鯨反対」のために「中位に同意（＋2）」を選んだことになるのである。このような項目を質問の中に入れることにより，全て同じような「捕鯨の容認」を主張する陳述だけから作る「指標」よりも，より安定化した頑丈な「指標」が出来てくる。

5節　因子分析をする

　これらの5つの陳述を集めてみただけでは足りない。要は，これら5つの陳述項目が，果して1つの指標を作りうるのか否か，という点がテストされていく。そのテストのための方法が因子分析というものである。因子分析とは，本来は，数多くある変数のうちからそれぞれが相互にどの程度まで関係するのかを査定することにより，不必要な変数を取り除くなどの変数を減らすための分析方法である。つまり相互に関係が無い10個の変数を使用して1つの指標を作るよりは，相互関係があると判断される3個の変数を使用して1つの指標が作れるならばその方がいい。ここでは，数多くありうる質問項目を減らして必要最小限の項目を発見することを因子分析によって行うことを目的とした。その因子分析には2種類ある。1つ

5節 因子分析をする

は「探求的因子分析（Exploratory Factor Analysis）」であり，もう1つは「確認的因子分析（Confirmatory Factor Analysis）」である。前者は，数ある変数（ここでは項目）の中から相互関係をもつ変数（項目）同士を探し出す時に使われ，後者は，相互関係が始めから想定される変数（項目）同士のその相互関係性を確認する時に使われる[5]。

項目が1つの因子をなすに値するものと判断されるためには，因子負荷が「0.4」以上あることが要求される。そこで上記した5つの項目についての回答者達の回答を「ヴァリマックス回転（Varimax Rotation）」を使用した「確認的因子分析」でもって分析してみた。分析結果は，以下の通りである[6]。

表4-3　5項目の因子分析の結果

「一般的に考えた場合での捕鯨容認」測定項目	因子負荷
1　絶滅危惧種ではない鯨は，種の維持が可能なレベルでの商業的な捕獲がされてもよい。	.79
2　絶滅危惧種ではない鯨を捕獲することは，何も悪くない。	.80
3　絶滅危惧種ではない鯨は，伝統的に鯨を捕獲している人々の社会的・文化的必要性のために捕獲されてもよい。	.69
4　もし鯨の個体数が再び十分になれば，捕鯨は種の維持が可能なレベルで許されるべきである。	.81
(5)　如何なる状況のもとでも鯨は捕獲されるべきではない。	.76

ここに示されているように，各項目とも因子負荷が「0.4」以上であった。つまり回答者達はこれら5つの項目を「1つの概念で括れるもの」と捉えているということが分かった。要するに，「捕鯨推進論者の弁」であれ「捕鯨反対論者の弁」であれ，これら5つの項目は「一般的に考えた場合での捕鯨を容認する度合い」を測定するための「1つの指標」をなしうるものであることが分かった。言わば基礎的部分での「Folk Assumption」がテストされ，それが妥当なものと判断されたことになる。ささやかなことではあるが，これもこの研究における発見である。このような基礎的作業がなければ，如何なる形での仮説のテストもなされ難い。

6節　相関係数から内的整合性を計算する

5つの項目が1つの因子を形作るということは，これらの5つの陳述項目について回答者達が下した判断としての選択肢が相互に「正の相関関係」にあることを示唆している。同義語反復になるかもしれないが，そもそもこれらの5つの陳述は「捕鯨容認について似たようなこと」を述べているので，これら5つの陳述項目について回答者達が下した判断としての選択肢が相互に「正の相関関係」をもつことになっていて当然なのである。そこで，回答者448人が選んだ「陳述1から陳述(5)までの選択肢」相互間の相関関係を全て調べてみた。相関関係は，Spearmanの相関関係で計算された場合のものである。

表4-4　5項目間の相関関係

「一般的に考えた場合での捕鯨容認」測定用項目	1	2	3	4	(5)
1　絶滅危惧種ではない鯨は，種の維持が可能なレベルでの商業的な捕獲がされてもよい。	－	.58	.42	.56	.48
2　絶滅危惧種ではない鯨を捕獲することは，何も悪くない。		－	.40	.61	.49
3　絶滅危惧種ではない鯨は，伝統的に鯨を捕獲している人々の社会的・文化的必要性のために捕獲されてもよい。			－	.45	.47
4　もし鯨の個体数が再び十分になれば，捕鯨は種の維持が可能なレベルで許されるべきである。				－	.51
(5)　如何なる状況のもとでも鯨は捕獲されるべきではない。					－

勿論(5)の数値は逆転換されて入力されている。予想通り，5つの項目間では全てが正の相関関係を示している。当たり前と言えば当たり前であるが，これらから，因子分析の結果が妥当であったことが，改めて分かる。

そこで，次に「5つの項目間での指標としての内的整合性」を計算することになる。この計算式の詳細はここに記さないが，通常では「Cronbach's Alpha（α）」というものにより示される。これは，絶対というわけでもないが，一応の目安として，「α ＝ 0.70」以上の数値が得られた場合に，まず十分とみなされる[7]。この「一般的に考えた場合での捕鯨容認」指標の内的整合性の数値は「0.84」であった。言わば文句なしの数値である。

7節　章の結論

「一般的に考えた場合での捕鯨容認」という従属変数の値は，可能性としては「－3（強く不同意）」から「＋3（強く同意）」までの範囲に及ぶ。ある回答者が5つの項目全てにおいて「強く同意」を選んだとしよう。とすれば，「転換した後の数値」で言えばその平均値は，「｛（＋3）＋（＋3）＋（＋3）＋（＋3）＋（＋3）｝÷5＝＋3」ということになり，この「＋3」がその回答者が選んだ「捕鯨容認度」ということになる。勿論他のある回答者が選んだ選択肢を転換すれば，「2，3，1，2，3」となるかもしれない。とすれば「（2＋3＋1＋2＋3）÷5＝＋2.2」となり，この回答者の捕鯨容認度は，「＋2.2」ということである。同じように計算すれば，ある回答者の捕鯨容認度は「－2.4」であるかもしれないし，ある別の回答者の捕鯨容認度は「－1.4」であるかもしれない。捕鯨容認度とは人により差があって然るべきである。そこで次になすべきことは，それら回答者達の間の差異を100％説明出来るこのような要因（独立変数）を探し出すことである。たとえ100％説明出来ないと分かっていても，その100％を目指して努力を続けることが望まれる。

捕鯨推進派から見れば「反捕鯨意識」が問題となり，捕鯨反対派から見れば「捕鯨賛成意識」が問題となる。そのいずれの側に立とうとも，そこには「説明されるべきもの」としての「一般的に考えた場合での捕鯨容

認」を測定する方法が確定される必要性はある。なんとなれば，このような「説明されるべきもの」の測定方法の確定が，「捕鯨問題」と「反捕鯨活動や意識」を議論し研究していく場合には大切なことであるからだ。第2章でも述べたように，このような測定方法の確定が，社会科学を言わば「通常科学（Normal Science）」として実行していく場合の第一歩であるからだ。確かに「鯨類学」という学問はあっても，「捕鯨学」などという社会科学の学問分野はまだない。ましてや「反捕鯨意識学」などという学問分野など存在する訳がない。あえて名づけるとすれば，「反捕鯨意識"論"」くらいであろう。だが，ある人々が他のある人々による「反捕鯨活動や意識」をさらには「捕鯨賛成意識」を議題にしている限り，「一般的に考えた場合での捕鯨容認」の測定方法は確定されるべきなのである。ここに至り我々は始めて仮説のテストを実行出来る可能性が見えてきた。

参考・引用文献
(1) Singleton, R.A. Jr., Straits, B.C. and Straits, M.M. (1993), *Approaches to Social Research*, pp.100-135, Oxford University Press.
(2) Bohrnstedt, G.W. and Knoke, D. (1988), *Statistics for Social Data Analysis*, p.383, F.E.Peacock.
(3) Singleton, R.A. Jr., Straits, B.C. and Straits, M.M. (1993), *Approaches to Social Research*, pp.391-399. Oxford University Press.
(4) Barstow, R. (1989), "Beyond whale species survival: Peaceful coexistence and mutual enrichment as a basis for human/cetacean relations", *Sonar*, 2: 10-13. Derr, M. (1997), "To whale or not to whale", *Atlantic Monthly*, 280: 22-26. Glass, K. and Englund, K. (1991), "Whaling: The cultural gulf", *Australian Natural History*, 23: 664. Hall, S. (1988), "Whaling: the slaughter continues", *Ecologists*, 18: 207-212.
(5) および (6) の因子分析については，次のものを参考。Kim, J. and Mueller, C.W. (1978), *Factor Analysis*, Sage Publications. Long, J.S. (1983), *Confirmatory Factor Analysis*, Sage Publications.
(7) Bohrnstedt, G.W. and Knoke, D. (1988), *Statistics for Social Data Analysis*, p.385, F.E.Peacock.

第5章
反捕鯨意識についての「指標」をつくる：
「説明するもの」

第13次（1999－2000年）南氷洋鯨類捕獲調査活動に対し妨害活動をするグリーンピースのボートとヘリコプター（写真提供・日本鯨類研究所）

1節　幾つかの疑わしき要因（反捕鯨意識を高めると目されている要因）

要　約　前章においては「捕鯨容認」という概念（Concept）の測定方法が確定された。本章においては「捕鯨容認」意識を妨げる諸要因（捕鯨反対要因）の測定方法が示される。「人々の捕鯨反対意識を高めるもの」と一般的に言われてきた3つの概念（「動物権の保護」・「鯨の擬人化」・「反捕鯨についての文化帝国主義」）が定義されその測定方法も確定される。これらの諸概念のそれぞれは，これらを主張してきた人々や研究者の陳述について尋ねられた回答者達が示した回答を因子分析にかけた結果，確かに使用可能な指標となることが判明した。一度これらの概念が測定可能な指標となれば，これらの指標がこの領域での「説明するもの（独立変数）」となる。この章は，これらの諸概念が測定可能な指標となる過程を順を追って示すことにより，社会科学において未開拓な指標を新たに作り上げていく「痛み（手順の面倒臭さ）と楽しさ」も示している。

1節　幾つかの疑わしき要因
　　（反捕鯨意識を高めるものと目されている要因）

　日本人だけではなく世界の多くの研究者達は，「人々がある幾つかの考え方に同意するに従い，反捕鯨意識が強くなる」と長年にわたって指摘してきた。その幾つかの考え方のうちでも，次の3つがとりわけ頻繁に指摘されてきた。（X_1）動物権（Animal Rights）の保護，（X_2）鯨の擬人化（Whale Anthropomorphism），（X_3）反捕鯨についての文化帝国主義（Cultural Imperialism）。他にもまだ幾つもありうるが，これらが最も「疑わしいもの（Culprits）」あるいは「反捕鯨意識を促す主要因」と目されてきた。つまり「人々がこれらの考え方に同意するに従い，反捕鯨の意識が高まる」と推測されてきた。これら3つの考え方の定義とこれらを主張してきた人々は次の通りである。

　「動物権の保護」とは，生物種の違いに基づいて「人間」と「他の動物」

の違いを主張する考えを否定する哲学的立場である。この考えでは，動物も人間と同じだけの譲れない権利がある，ということになる。この「動物の権利を守ること」が反捕鯨意識の根底にあるという点は，Butterworth等より主張されてきた[1]。反捕鯨運動が自然保護運動の一部からうまれてきたことを考えれば，この見解が鯨の保護に結びつくと考えられても当然のことである。

「鯨の擬人化」とは，文字通り「鯨を人間のようなものとして見ること」である。「動物権の保護」の考えに基づく時，鯨も「人間」と同じ地位をもつようになり，ついには「擬人化」されるようになる。これは「人々が野生動物をシンボル化する傾向」について指摘してきた Kalland の研究では，「鯨をシンボル化すること」と位置づけられてきた[2]。また，野生動物の保護を主張する活動家が，当該野生動物を守るためにしばしば野生動物をシンボル化することは，幾人かの研究者により主張されてきた[3]。Kalland により主張されてきたこの見解を支持する人は少なからずいたのだが，この議論の妥当性を誰もテストはしてこなかった。

「文化帝国主義」とは，多様に定義可能であるが[4]，一般的には「よその国の文化を認めずに，自国の文化規範を押し付けること」と考えられている。この姿勢が捕鯨問題の場合に顕著に表れた場合には，「捕鯨民族による捕鯨についての文化を認めずに，自分の反捕鯨的立場を押し付けること」となる。これが日本人の捕鯨に反対する最大の要因である，と多くの日本人が長年にわたり主張してきた。三崎滋子や小松正之がこの論点の代表者であるが[5]，これもテストはされてこなかった。

これらの要因がテストされてこなかった理由は，やはりこれらの抽象的概念を測定する方法が無かったということが挙げられる。本研究は，これらを測定可能な経験的領域に移し替えることから始めた。「説明されるべきもの」としての「捕鯨を容認する度合」を確定したように，これらの「説明するもの」も操作化を経て「測定可能なもの」となっていった。そ

の過程を以下に記そう。

2節 「動物権の保護」の指標つくり

「動物権の保護」測定用の陳述を挙げてみよう。次の5つの陳述についての回答者達による反応で調べてみた。これらの陳述は，「動物権の保護」を主張している研究者の著作から集めてみたものである[6]。

表5-1 「動物権の保護」測定用4陳述項目

X_1:「動物権の保護」測定用項目

1　動物には殺されたり狩られたりすることから逃れる権利がある。……………… 1　2　3　4　5　6　7
2　動物を狩ったり殺したり食べたりすることは，倫理的ではない。……………… 1　2　3　4　5　6　7
3　動物は，狩猟されたり殺されたりすべきではない。…………………………… 1　2　3　4　5　6　7
(4)　動物は，人間の必要性を満たすために使用される資源である。……………… 1　2　3　4　5　6　7

上記の項目(4)は，「動物は，人間の必要性を満たすために使用される資源ではない」という動物権保護の主張を逆にして，肯定的に表現しただけである。従ってこの項目に対して下された回答者達の判断（選択肢）は，数値を入れ替えて計算された（Reverse Scored）。次にこれら4項目についての確認的因子分析の結果を記してみよう。

表5-2 「動物権の保護」測定用4陳述項目についての因子分析の結果

「動物権の保護」測定用項目	因子負荷
1　動物には殺されたり狩られたりすることから逃れる権利がある。	.84
2　動物を狩ったり殺したり食べたりすることは，倫理的ではない。	.78
3　動物は，狩猟されたり殺されたりすべきではない。	.82
(4)　動物は，人間の必要性を満たすために使用される資源である。	.70

予想通り，4つのすべての項目が，1つの因子を作ることが判明した。

第 5 章　反捕鯨意識についての「指標」をつくる：「説明するもの」

当然これらの陳述は,「動物権の保護」について類似したことを述べている。そこで次は,これらの4つの項目間での相関関係を調べてみた。

表 5-3　「動物権の保護」測定用4項目間での相関係数

「動物権の保護」測定用項目	1	2	3	(4)
1　動物には殺されたり狩られたりすることから逃れる権利がある。	―	.53	.62	.47
2　動物を狩ったり殺したり食べたりすることは,倫理的ではない。		―	.54	.40
3　動物は,狩猟されたり殺されたりすべきではない。			―	.41
(4)　動物は,人間の必要性を満たすために使用される資源である。				―

因子分析の結果に示された通り,4つの項目間では全て「正の相関関係」が現れた。これらの数値から「内的整合性」が計算された。「動物権の保護」の内的整合性は,「0.80」であり,今後のテストに使用可能な数値であった。

3節　「鯨の擬人化」の指標つくり

「鯨の擬人化」測定用の陳述を挙げてみよう。次の6つの陳述についての回答者達による反応で調べてみた。これらの陳述のうち5つは,「鯨の保護」問題を論じている研究者達の著作から集めてみたものである[7]。

表 5-4　「鯨の擬人化」測定用6陳述項目

X_2：「鯨の擬人化」測定用項目

1　他の動物と比べて,鯨はユニークなほどに特別である。………… 1　2　3　4　5　6　7
2　鯨は,「大海の人々」と呼ばれうる。………… 1　2　3　4　5　6　7
3　鯨は,私たちの民間伝承を豊かにしてくれる。………… 1　2　3　4　5　6　7
4　鯨は,友好的である。………… 1　2　3　4　5　6　7

3節 「鯨の擬人化」の指標つくり

```
    5  鯨は，すばらしい。 ……………………………… 1  2  3  4  5  6  7
(6)  鯨は人間の必要性を満たすために
     使われる水産資源である。…………………… 1  2  3  4  5  6  7
```

上記の項目(6)「鯨は人間の必要性を満たすために使われる水産資源である」とは，「鯨の保護」ではなく，「鯨の消費」を肯定的に表現したものである。従ってこの項目に対して下された回答者達の判断（選択肢）は，数値を入れ替えて入力計算された。次にこれらの6つの陳述について下された回答者達の判断を確認的因子分析した結果を示そう。

表 5–5　「鯨の擬人化」測定用4陳述項目についての因子分析の結果

「鯨の擬人化」測定用項目	因子負荷
1　他の動物と比べて，鯨はユニークなほどに特別である。	.48
2　鯨は，「大海の人々」と呼ばれうる。	.64
3　鯨は，私たちの民間伝承を豊かにしてくれる。	.62
4　鯨は，友好的である。	.70
5　鯨は，すばらしい。	.58
(6)　鯨は人間の必要性を満たすために使われる水産資源である。	.52

予想通り，これら6つのすべての項目が，1つの因子を作ることが判明した。当然これらの陳述は，「鯨の擬人化」について類似したことを述べている。そこで次は，これらの6つの項目間での相関関係を調べてみた。

表 5–6　「鯨の擬人化」測定用6項目間での相関係数

「鯨の擬人化」測定用項目	1	2	3	4	5	(6)
1　他の動物と比べて，鯨はユニークなほどに特別である。	—	.09	.28	.20	.17	.12
2　鯨は，「大海の人々」と呼ばれうる。		—	.34	.31	.26	.16
3　鯨は，私たちの民間伝承を豊かにしてくれる。			—	.20	.18	.13
4　鯨は，友好的である。				—	.25	.35
5　鯨は，すばらしい。					—	.16
(6)　鯨は人間の必要性を満たすために使われる水産資源である。						—

第5章 反捕鯨意識についての「指標」をつくる：「説明するもの」

問題はここで生じた。確認的因子分析によれば，これらの6つの項目は1つの因子を作ることが判明していたが，相関関係の点において見れば，必ずしも予想通りの強い相関係数が現れてはこなかった。この点が，内的整合性を計算した時に現れてきた。内的整合性の数値は「0.62」となった。

この「0.62」という数値の故に，この指標の信憑性を Bailey と McKay により疑われたが，因子分析の結果が示すように，これら6つの項目が1つの因子を作ることは確かである。ただし「鯨の擬人化」の指標を作ることが意外と難しいことが判明した。この点こそ，「社会科学における操作化」の問題点を示しているであろう。操作化においては「絶対値」を得ることはまずありえない。得られるものは，あくまでも「相対値」でしかない。つまり，「鯨の擬人化」という抽象的概念を測定するには，本研究が試した諸項目では不十分であるということである。指標作りのためのさらなる努力が必要とされる。

4節 「反捕鯨についての文化帝国主義」の指標つくり

「反捕鯨についての文化帝国主義」は，次の6つの陳述についての回答者達による反応で調べてみた。これらの陳述は，「捕鯨問題に関わる文化的観点」について論じていた研究者達の著作から集めてみたものである[8]。勿論，以下のような陳述ならば，殆どいかなる種類の雑誌においても見つけることが出来る。筆者は，アメリカ合衆国で通った医院の待合室に置かれている「子供用の本（例えば Nikelodean 等）」にも反捕鯨の弁明が書かれていることを発見した。取り分け以下の1番目と3番目等が，そうである。これら1番目と3番目の意図をまとめて「Save Whales」と記している絵本も無数に見られた。ことほど左様に「捕鯨文化の否定」の態度を幼児期よりアメリカ人は学習するようだ。

4 節 「反捕鯨についての文化帝国主義」の指標つくり

表 5-7 「反捕鯨についての文化帝国主義」測定用 6 陳述項目

X₄：「反捕鯨についての文化帝国主義」測定用項目

1　鯨を狩りしたり食べたりすることは
　　倫理的にいけないことである。………… 1　2　3　4　5　6　7
2　捕鯨には，文化的にも伝統的にも
　　何の価値もない。………………………… 1　2　3　4　5　6　7
3　鯨を狩りしたり食べたりすることは
　　野蛮である。……………………………… 1　2　3　4　5　6　7
4　捕鯨は単にお金と強欲によってのみ
　　動機づけられている。…………………… 1　2　3　4　5　6　7
5　鯨は，人間と地球との関係における
　　全てが間違いであったことを象徴する。… 1　2　3　4　5　6　7
(6)　鯨を捕まえ食べることは，文化的
　　多様性の形態である。…………………… 1　2　3　4　5　6　7

上記の項目(6)は，「捕鯨文化」そのものを肯定している陳述であり，この項目(6)が「捕鯨文化」そのものを肯定していることがこの指標作りの決め手であった。回答者達は，この項目を捕鯨文化そのものと捉えるはずであった。とすれば，この項目(6)とその他の 5 項目（1－5）とは，回答者からは「相反するもの」と捉えられるはずであった。従ってこの項目(6)に対して示された回答者達の判断（選択肢）は，数値を入れ替えて入力され計算された。次に，これらの 6 つの項目について確認的因子分析を行った。以下がその分析結果である。分析結果が，その点を明示していた。

表 5-8 「反捕鯨についての文化帝国主義」測定用 6 陳述項目
　　　　についての因子分析の結果

「反捕鯨についての文化帝国主義」測定用項目　　　　　　　　　　因子負荷

1　鯨を狩りしたり食べたりすることは倫理的にいけないことである。………. 66
2　捕鯨には，文化的にも伝統的にも何の価値もない。……………………….65
3　鯨を狩りしたり食べたりすることは野蛮である。………………………….84
4　捕鯨は単にお金と強欲によってのみ動機づけられている。……………….70
5　鯨は，人間と地球との関係における全てが間違いであったことを象徴する。….68
(6)　鯨を捕まえ食べることは，文化的多様性の形態である。……………………….56

第5章 反捕鯨意識についての「指標」をつくる:「説明するもの」

予想通り、6つのすべての項目が、1つの因子を作ることが判明した。当然これらの陳述は、「捕鯨反対」について類似したことを述べている。そこで次は、これらの6つの項目間での相関関係を調べてみた。

表 5-9 「反捕鯨についての文化帝国主義」測定用6項目間での相関係数

「反捕鯨についての文化帝国主義」測定用項目	1	2	3	4	5	(6)
1 鯨を狩りしたり食べたりすることは倫理的にいけないことである。	—	.22	.56	.32	.32	.29
2 捕鯨には、文化的にも伝統的にも何の価値もない。		—	.48	.33	.35	.30
3 鯨を狩りしたり食べたりすることは野蛮である。			—	.48	.44	.40
4 捕鯨は単にお金と強欲によってのみ動機づけられている。				—	.48	.25
5 鯨は、人間と地球との関係における全てが間違いであったことを象徴する。					—	.20
(6) 鯨を捕まえ食べることは、文化的多様性の形態である。						—

因子分析の結果に示された通り、6つの項目間では全て「正の相関関係」が現れた。これらの数値から「内的整合性」が計算された。この指標の内的整合性は、「0.76」であり、今後のテストに使用可能な数値であった。

5節　章の結論:「説明する」側の要因としての3つの指標

ここでは、3つの疑わしき要因にしぼって、それらの測定方法を明らかにした。その結果は、「X_1(動物権の保護)」と「X_3(反捕鯨についての文化帝国主義)」の2つの要因は「指標」として十分に使用に耐えうるものであることが分かった。しかしその一方で、「X_2(鯨の擬人化)」を形成するはずの6つの項目が、当初の予想程には「鯨の擬人化」を支える役としては少々不足していることも分かった。これが、「指標」を作りなが

ら進む場合の社会科学の難しさである。ここに，このような指標に依拠する社会科学の脆弱性がある。指標作りは絶対値を得る作業ではなく，あくまでも「相対値」でしかない。しかし，この作業をしないで議論をすることは議論をもっと脆弱にする。測定しなければ，「自分はこう思う」「いや自分はしかじかと思う」という具合に様々な異見による甲論乙駁となる。

参考・引用文献

(1) Butterworth, D.S. (1992), "Science and sentimentality", *Nature*, 357: 532-534.
(2) Kalland, A. (1993), "Management by totemization: Whale symbolism and the anti-whaling campaign", *Arctic*, 46: 124-133.
(3) Peterson, M. J. (1993), "Epilogue: Whales and elephants as cultural symbols", *Arctic*, 46: 172-174.
(4) Tomlinson, J. (1991), *Cultural Imperialism: A Critical Introduction*, The Johns Hopkins University Press.
(5) Misaki, S. (1994), "Whaling controversy is the name of the game", *Public Perception of Whaling*, pp.21-39. Institute of Cetacean Research. 小松正之『クジラは食べていい』(宝島社新書，2000 年)。
(6) Singer, P. (1975), *Animal Liberation*, New York Review of Books. Regan, T. (1985), "The case for animal rights", P. Singer (Ed.), *In Defense of Animals*. pp.13-26. Blackwell.
(7)と(8)については以下の研究による。Barstow, R. (1989), "Beyond whale species survival: Peaceful coexistence and mutual enrichment as a basis for human/cetacean relations", *Sonar*, 2: 10-13. Callicott, J.B. (1997), "Whaling in sand country: A dialectical hunt for land ethical answers to questions about the morality of Norwegian minke whale catching", *Colorado Journal of Environmental Law and Policy*, 8: 1-30. D'Amato, A. and Chopra, S.K. (1991), "Whales: Their emerging right to life", *The American Journal of International Law*, 85: 21-62. Glass, K. and. Englund, K. (1989), "Why the Japanese are so stubborn about whaling", *Oceanus*, 32: 45-51. Glass, K. and Englund, K. (1991), "Whaling: the cultural gulf", *Australian Natural History*, 23: 664. Ris, M. (1993), "Conflicting cultural values: Whale totemism in north Norway", *Arctic*, 46: 156-163.

第 6 章
捕鯨反対を促す諸要因の関係：
パス・モデルの試み

第 54 回国際捕鯨委員会年次会合・下関会議開会挨拶（写真提供・日本捕鯨協会）

1節 「疑わしき3要因」と「捕鯨容認」との関係

要　約　「アメリカ人の捕鯨反対意識を高める」ものとみなされている3つの要因（「動物権の保護」と「鯨の擬人化」と「反捕鯨についての文化帝国主義」）は，決して個々バラバラに「捕鯨反対意識」を高めるだけのものではあるまい。むしろそれぞれにある一定の直接的間接的な因果的関係を持ちながら「捕鯨反対意識」を高めるものかもしれない。このありうる直接的間接的な因果的関連性を「パス・モデル（Path Model）」という形でテストしてみた。テストした結果は，件(くだん)の3つの要因が相互に直接的間接的な因果的関係を持ちながら「捕鯨反対意識」を高める可能性ありと判断された。さらに「動物権の保護」と「鯨の擬人化」も「反捕鯨についての文化帝国主義」に影響を与える要因であることも判明した。

1節　「疑わしき3要因」と「捕鯨容認」との関係

　第4章においては，「説明されるべきもの（従属変数）」としての「(Y)一般的に考えた場合での捕鯨容認」の測定方法を明らかにした。また第5章においては「説明するもの（独立変数）」としての3要因の測定方法を明らかにした。そこで，本章では，これら2つの変数群の関係を明らかにしてみよう。つまり「一般的に考えた場合での捕鯨容認」，逆に言った場合での「捕鯨反対の度合い」が，「X_1：動物権の保護」と「X_2：鯨の擬人化」と「X_3：反捕鯨についての文化帝国主義」との3つの要因により，どのように影響を受けているのかについて検討してみよう。言い換えれば，これまでもしばしば指摘されてきたこれらの3つの「もっとも疑わしい要因（Culprits）」がどのように「捕鯨反対の度合い」を説明するのかを検討してみる訳である。と同時に，これらの3つの要因（「動物権の保護」と「鯨の擬人化」と「反捕鯨についての文化帝国主義」）相互間での関係も明らかにしてみる。何故ならば，「反捕鯨についての文化帝国主義」そのものも，ある局面では捕鯨問題を検討する上での「説明されるべきも

第6章 捕鯨反対を促す諸要因の関係:パス・モデルの試み

の」ともなるからである。

件(くだん)の3つの要因が「捕鯨容認」に何らかの否定的影響を及ぼす,という点はつとに指摘されてきた。その主張を順次見てみよう。

「動物権の保護」意識が反捕鯨意識をうむ,という点は Batterworth 等により指摘されていた[1]。この関連性は誰が考えても当然であろう。この点は,第5章の1節と2節でも言及した。

「鯨の擬人化が反捕鯨活動を促す」という因果的関連性はすでに Kalland (1993) の研究により示唆されていた。Kalland は,反捕鯨運動グループの活動を説明する仮説として,人類学において Levi-Straus が主張していた象徴的「トーテム信仰(Totemism)」の考えを応用した。つまり反捕鯨運動グループが,鯨を人類と同等の特質をもつ神秘的「Super Whale」に祭り上げ,自分達を鯨に擬したりあるいは鯨を自分達の祖先と呼んだり,鯨を捕獲したり食べたりすることに反対し,反捕鯨活動を儀式として演じたりするので,「これらの象徴的擬人化意識が反捕鯨意識の根底にある」と Kalland は指摘したのである[2]。

「反捕鯨についての文化帝国主義」が「反捕鯨意識」に関わっているという点は,つとに多くの人々から指摘されてきた。この点は,Kalland (1998年) により指摘されていたが[3],とりわけ日本人により指摘され続けてきた。三崎もその代表者である[4]。ただし三崎は「文化帝国主義が反捕鯨意識を高める」とまでは断定していないが,本書では,その因果性をテストしてみることにした。

上記のこれらの因果的関連性は多くの人々から指摘されてはきたが,これまで如何なる研究においてもテストされてこなかった。しかもこれらの諸要因の因果的関連性は直接的間接的な形で「捕鯨反対」に影響を与えている可能性があった。そこで,これらの直接的間接的因果的関連性を,パス・モデルという形においてテストしてみることにした。

2節 パス・モデルの試み

「パス・モデル（Path Model）」とは，基本的には研究者自身が諸要素をどのように因果的に認識しているのかを試すものである[5]。ここでは，従来指摘されてきた因果的関係に，さらに我々（浜崎俊秀・丹野大）が想定した直接的間接的因果性を加えて，それらを「パス・ダイアグラム（Path Diagram）」により図6-1の中に示した。ここでは，「疑わしい3要因」と「一般的に考えた場合での捕鯨容認」との関係が，次のような因果的関係によりつながっていると想定された。

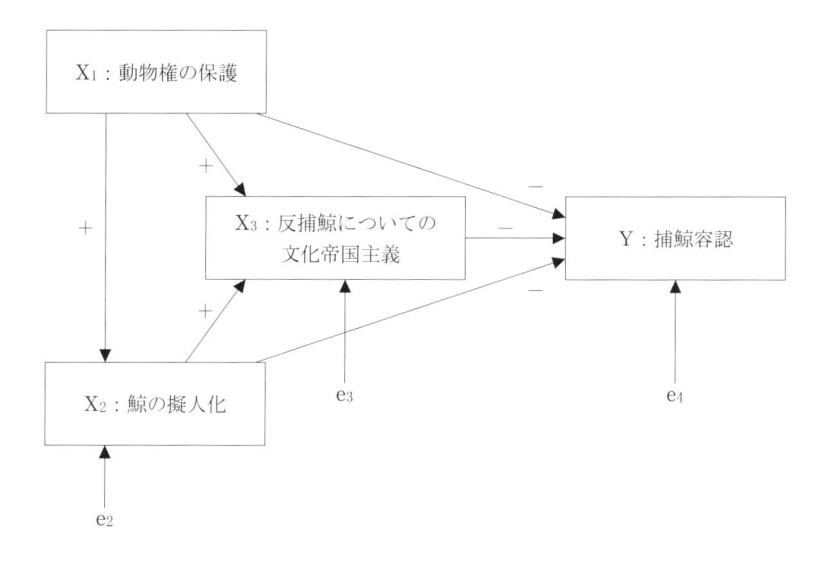

図6-1　パス・ダイアグラム

図6-1の中に記された基本的な因果性の流れをさらに述べてみよう。
「X_1：動物権の保護」の直接的影響。そもそも人間と他の動物との間の権利の差を認めずに，「鯨」にも等しく人並みの権利を認めるという観点

第 6 章 捕鯨反対を促す諸要因の関係：パス・モデルの試み

に同意することから，人々の意識の中に「鯨を擬人化すること」が発生する。またこの「動物権の保護」を支持するに従い，人々は「反捕鯨についての文化帝国主義」を支持し，一方で「捕鯨容認」を否定することになるであろう。つまり「動物権の保護」という要因は，「鯨の擬人化」と「反捕鯨についての文化帝国主義」と「捕鯨容認」という 3 つの要因に直接的影響を及ぼすはずである。

「捕鯨容認」に及ぼす「動物権の保護」の間接的影響。上記した直接的影響と同時に，「動物権の保護」という要因は，「鯨の擬人化」と「反捕鯨についての文化帝国主義」という 2 つの要因を通じて「捕鯨容認」に否定的な影響を間接的に与えるはずである。

「X_2：鯨の擬人化」の直接的影響。鯨を擬人化すれば，当然の如く人々は「捕鯨文化」を否定するものとしての「反捕鯨についての文化帝国主義」の意識においても高くなり，また「捕鯨」への反対意識も高くなるはずである。つまり，「鯨の擬人化」という要因は，「反捕鯨についての文化帝国主義」と「捕鯨容認」という他の 2 つの要因に直接的に影響を及ぼすはずである。

「捕鯨容認」に及ぼす「鯨の擬人化」の間接的影響。上記した直接的影響と同時に，「鯨の擬人化」という要因は，「反捕鯨についての文化帝国主義」という要因を通じても，「捕鯨容認」に否定的な影響を間接的にも及ぼすはずである。

「X_3：反捕鯨についての文化帝国主義」の直接的影響。人々が「反捕鯨についての文化帝国主義」意識において高まるということは，捕鯨を認めないとする捕鯨反対の意識が高くなることを意味しよう。つまり「反捕鯨についての文化帝国主義」は，「捕鯨容認」に否定的な影響を直接的に及ぼすはずである。

これらが，件の 3 つの要因と「捕鯨容認」との直接的あるいは間接的な因果性の流れについての想定である。図の中において「e」として示され

ているものは,「当該要因に影響を与えている未解明な要因があること」を示唆している。

3節　テストされた仮説と分析結果

　2節において想定された直接的間接的な因果性は,さらに次のような仮説においてテストされた。
第一段階：「鯨の擬人化」を説明する要因
　(1)　「動物権の保護」要因は,「鯨の擬人化」要因に肯定的に影響を与える。
第二段階：「反捕鯨についての文化帝国主義」を説明する諸要因
　(1)　「動物権の保護」要因は,「反捕鯨問題についての文化帝国主義」要因に肯定的に影響を与える。
　(2)　「鯨の擬人化」要因は,「反捕鯨問題についての文化帝国主義」要因に肯定的に影響を与える。
第三段階：「捕鯨容認」を説明する諸要因
　(1)　「動物権の保護」要因は,「一般的に考えた場合での捕鯨容認」要因に否定的に影響を与える（あるいは「捕鯨反対度」を高める）。
　(2)　「鯨の擬人化」要因は,「一般的に考えた場合での捕鯨容認」要因に否定的に影響を与える（あるいは「捕鯨反対度」を高める）。
　(3)　「反捕鯨についての文化帝国主義」要因は,「一般的に考えた場合での捕鯨容認」要因に否定的に影響を与える（あるいは「捕鯨反対度」を高める）。
　「$\alpha < .05$」とした場合の分析結果を以下に示そう。上記した3段階の直接的関係は影響の程度に差こそあれ,「パス係数（Path Coefficient）」として全て支持された。少なくともアメリカ人回答者達が下した反応を分析してみた結果は,上記の因果関係に当てはまるものとなった。

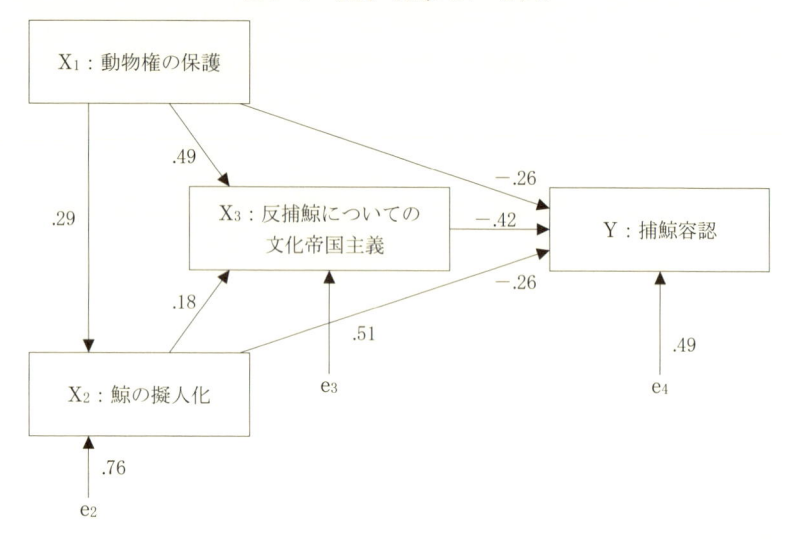

第6章 捕鯨反対を促す諸要因の関係：パス・モデルの試み

図6-2 浜崎－丹野パス・モデル

[パス図：X₁:動物権の保護、X₂:鯨の擬人化、X₃:反捕鯨についての文化帝国主義、Y:捕鯨容認。係数 .49, .29, .18, .76, .51, -.26, -.42, -.26, .49。誤差項 e₂, e₃, e₄]

「動物権の保護」は直接的にも間接的にも「捕鯨容認」に否定的に影響を与えている。また「鯨の擬人化」も直接的にも間接的にも「捕鯨容認」に否定的に影響を与えている。「反捕鯨についての文化帝国主義」は直接的に「捕鯨容認」に否定的に影響を与えている。勿論，「捕鯨容認」に否定的な影響を与える要因は，Bailey と KcKay が指摘しているように[6]，他にも存在するはずである。しかし，「e₄ = .49」という数値に示されているように，それらの他のありうる要因はこのパス・モデルでは特定されていない。

4節　章の結論：
当座のモデルとしての「浜崎－丹野パス・モデル」

図6-2で示したパス・モデルは，「捕鯨容認」に否定的に影響を与えるであろう全ての要因をテストした訳ではないが，これまで指摘されてきた

4節　章の結論：当座のモデルとしての「浜崎－丹野パス・モデル」

諸要因間の因果的関係が妥当であることを明らかにした。つまりこのパス・モデルにより，これまで一般に言われてきた「3つの要因」が「捕鯨容認」（あるいは「捕鯨反対意識」）にいかなる因果的関係において影響を与えているのか，という点が明らかにされた。加えて，「動物権の保護」と「鯨の擬人化」という2つの要因が「反捕鯨についての文化帝国主義」に影響を与えるものであることも明らかにされた。この発見も大切である。ここで明らかにされた因果関係モデルは当座のモデルでしかないとはいえ，より優れたモデルがテストされるまでは，「当座の叩き台モデル」としては使用出来るであろう。

要するに，捕鯨反対を生み出す要因は多様にあり，かつそれらは因果的関連性をもっている可能性がある，と考えてもいいであろう。ここで試みたパス・モデルでは，件（くだん）の3つの要因により約50％が説明出来たが，逆に約50％も未解明に終わっているので，今後の研究の成果を待ちたい。どうやら捕鯨反対の根底には，日本人が考えている以上に何かしらの要因が存在していると思われる。そのありうる要因の1つが，（第11章において示すが），FreemanとKellertの研究で使用されたデータを我々が再分析した結果に判明した「鯨肉を食用とみなすか否か」の要因であろう。その詳細な説明は，第11章において行う。

参考・引用文献
(1) Butterworth, D.S. (1992), "Science and sentimentality", *Nature*, 357: 532-534.
(2) Kalland, A. (1993), "Management by totemization: Whale symbolism and the anti-whaling campaign", *Arctic*, 46: 124-133.
(3) Kalland, A. (1998), "The anti-whaling campaigns and Japanese responses", *Japanese Position on Whaling and Anti-whaling Campaign*, pp.11-26, Institute of Cetacean Research.
(4) Misaki, S. (1994), "Whaling controversy is the name of the game", *Public Perception of Whaling*, pp.21-39, Institute of Cetacean Research.
(5) パス・モデルについては以下のものを参考。Pedhazur, E.J. (1982), *Multiple Regression In Behavioral Research*, Holt, Rinehart and Winston. Asher, H.B. (1983), *Causal Modeling*, Sage Publications. Bohrnstedt, G.W. and Knoke, D.

(1988), *Statistics for Social Data Analysis*, F.E. Peacock.
(6) Bailey, J. and McKay, B. (2002), "Are Japanese attitudes toward whaling American-bashing?: A response to Tanno and Hamazaki", *Asian Affairs*, 29: 148-158.

第7章
他の捕鯨民族による捕鯨に反対する場合と比べて，アメリカ人が日本人の捕鯨に反対する特別な理由はあるのか？

第53回国際捕鯨委員会年次会合・ロンドン会議の際に場外において行われた反捕鯨デモ
（写真提供・日本捕鯨協会）

要　約　　アメリカ人が他の捕鯨民族による捕鯨に反対する場合と比べて，アメリカ人が日本人による捕鯨に反対する場合には，何か特別な理由によってなされているものなのであろうか？　日本人／ノルウェイ人／グリーンランド人／アイスランド人／アラスカのイヌイット人の5つの捕鯨民族による捕鯨への反対理由と目される4つの要因の影響度を，それぞれの捕鯨民族による捕鯨の場合においてテストしてみた。分析結果により，5つの捕鯨民族のいずれの場合でも，「反捕鯨についての文化帝国主義」と「鯨の擬人化」へ同意することが回答者達の捕鯨反対意識を高める主なる要因であることが分かった。この点では，5つの捕鯨民族を，回答者達は等しく扱っている。多分，日本人による捕鯨だけが特別な理由でもって，アメリカ人から反対をされている訳ではないのであろう。今回の分析に使用した要因に限って言えば，そう考えてもよかろう。

1節　何が問題なのか（Research Questions）

　第3章においては，回答者達が「5つの捕鯨民族による捕鯨をどの程度まで容認するのか」を調べてみた結果を述べた。もともとの仮説は，捕鯨反対論者の弁に従い，「回答者達は5つの捕鯨民族による捕鯨を容認する場合には差を設けていない」というものであった。だが結果として判明したものは，「日本人による捕鯨を容認する度合いが一番低かった」というものである。ただし，何故に回答者達が，「日本人による捕鯨」を容認度最下位に置いたのかについては解明されなかった。調査デザイン（Research Design）それ自体が，そこまでの解明を試みるように作られてはいなかったからである。むしろ我々の調査デザインは，「回答者達が，5つの捕鯨民族による捕鯨に反対する場合（捕鯨の容認度）には，各捕鯨民族ごとに異なる理由があって反対している訳ではない」という点を調べてみることであった。この点での我々の仮説も，捕鯨反対論者の弁に従い，

第7章 他の捕鯨民族による捕鯨に反対する場合と比べて，アメリカ人が日本人の捕鯨に反対する特別な理由はあるのか？

「回答者達が，他の捕鯨民族による捕鯨と比較した場合，日本人による捕鯨に反対する特別な理由はあるまい」というものであった。

調べてみた反対要因は，第5章において詳細した3つ（「動物権の保護」「鯨の擬人化」「反捕鯨についての文化帝国主義」）ともう1つ「マス・メディアの影響」であった。上記のしばしば指摘されている3つの疑わしい要因に加えて，「マス・メディアの影響」もテストした理由は以下である。そもそも自然保護団体などは，マス・メディアを通じて「動物の保護」を訴えてきた。こと鯨に関して言えば，アメリカ合衆国の新聞・雑誌・テレビは，鯨を殆ど人間扱いをしており，子供のころからこのような鯨像をマス・メディアから得ているとすれば，その影響の具合を調べてみてもよい。とりわけアメリカ国民の70％は，全ての情報をテレビから得ている[1]，と言われている点を考えるならば，マス・メディアが人々の捕鯨問題について及ぼす影響は調べるに値する。

2節　如何なる仮説がテストされたか？

そこでまず上記の4つの疑わしい要因を「説明するもの（独立変数）」として，その一方でそれらにより「説明されるべきもの（従属変数）」を「5つの捕鯨民族のそれぞれによる捕鯨を容認する度合い」とした場合には，次のような諸仮説が出来上がる。その「それぞれによる捕鯨」とは，日本人／ノルウェイ人／グリーンランド人／アイスランド人／アラスカのイヌイット人の5つの捕鯨民族による捕鯨である。

(1) 人々が「動物権の保護」に同意するに従い，「捕鯨民族による捕鯨を容認する度合い」が減少する。
(2) 人々が「鯨の擬人化」に同意するに従い，「捕鯨民族による捕鯨を容認する度合い」が減少する。

(3) 人々が「反捕鯨についての文化帝国主義」に同意するに従い,「捕鯨民族による捕鯨を容認する度合い」が減少する。
(4) 人々が「鯨についての情報をマス・メディアから得る度合い」が増えるに従い,「捕鯨民族による捕鯨を容認する度合い」が減少する。

　これらの諸仮説が, 5つの捕鯨民族のそれぞれの場合に当てはまると想定された。つまり回答者達は, 5つの捕鯨民族のそれぞれによる捕鯨に反対する場合, 特定の一民族だけに特定の理由を当てはめることはあるまい, というのが仮定である。

3節　分　析　結　果

　以下に, 男性回答者達による判断と女性回答者達による判断とを別々に分析した結果を示した。表は男女別に記されている。決定係数 (R^2) が,「.30－.40」(30％－40％程度説明可能, という意味)前後に留まっていることからも分かるように, これらのモデルが驚くほどに優れている訳ではなかったが, 共通していることは, 男性回答者達も女性回答者達も, 彼らの反捕鯨意識は,「マス・メディアの影響」を受けていない, ということである。それ以外では, 大体次のことを示唆している。
⑴　「日本人による捕鯨を容認する度合い」についての場合
　第一点目は, 男性回答者達も女性回答者達も,「鯨の擬人化」に同意するに従い, また「反捕鯨についての文化帝国主義」に同意するに従い, 日本人による捕鯨に反対する, ということである。第二点目は, 男性回答者達も女性回答者達も, 彼らの反捕鯨意識は,「動物権の保護」への同意からの影響を受けていない, ということである。
⑵　「ノルウェイ人による捕鯨を容認する度合い」についての場合
　第一点目は, 男性回答者達も女性回答者達も,「鯨を擬人化」するに従

第7章 他の捕鯨民族による捕鯨に反対する場合と比べて，アメリカ人が日本人の捕鯨に反対する特別な理由はあるのか？

表 7-1　各捕鯨民族による捕鯨に反対する場合の要因を特定化するための重回帰分析（アメリカ人男性回答者達の場合）

独立変数＼従属変数	日本人の捕鯨	ノルウェイ人の捕鯨	グリーンランド人の捕鯨	アイスランド人の捕鯨	アラスカのイヌイット人の捕鯨
Intercept（切片）	8.21	7.49	7.97	7.62	8.72
マス・メディア	.00	.00	-.00	.00	-.00
動物権の保護	.12	-.04	.06	.07	-.08
鯨の擬人化	-.78***	-.42***	-.49***	-.45***	-.20
反捕鯨についての文化帝国主義	-.58***	-.52***	-.61***	-.48***	-.92***
F-value	28.57***	23.56	23.13***	24.24***	17.44***
R^2（決定係数）	.40	.35	.35	.36	.28
Adjusted R^2	.38	.34	.33	.33	.27

注：星印（*　**　***）は，統計学上の有意性（*p <.05, **p <.01, ***p <.001）を意味している。

表 7-2　各捕鯨民族による捕鯨に反対する場合の要因を特定化するための重回帰分析（アメリカ人女性回答者達の場合）

独立変数＼従属変数	日本人の捕鯨	ノルウェイ人の捕鯨	グリーンランド人の捕鯨	アイスランド人の捕鯨	アラスカのイヌイット人の捕鯨
Intercept（切片）	6.98	6.97	6.99	7.41	7.69
マス・メディア	-.00	.00	.00	.00	.00
動物権の保護	-.11	-.22*	-.15*	-.14	-.00
鯨の擬人化	-.43***	-.31**	-.31**	-.21*	-.26*
反捕鯨についての文化帝国主義	-.35**	-.37**	-.42**	-.62***	-.60***
F-value	26.73***	31.96	28.37***	48.88***	20.40***
R^2（決定係数）	.28	.32	.30	.42	.23
Adjusted R^2	.27	.31	.29	.41	.22

注：星印（*　**　***）は，統計学上の有意性（*p <.05, **p <.01, ***p <.001）を意味している。

い，また「反捕鯨についての文化帝国主義」に同意するに従い，ノルウェイ人による捕鯨に反対する，ということである。第二点目は，男性回答者達と女性回答者達の違いが，「動物権の保護」による影響のところで表れた，ということである。女性回答者達は，「動物権の保護」に同意するに従い，ノルウェイ人による捕鯨に反対しているが，男性回答者達では，「動物権の保護」への同意が反捕鯨意識の促進には結びついてはいなかった，ということである。

(3)「グリーンランド人による捕鯨を容認する度合い」についての場合

第一点目は，男性回答者達も女性回答者達も，「鯨の擬人化」に同意するに従い，また「反捕鯨についての文化帝国主義」に同意するに従い，グリーンランド人による捕鯨に反対する，ということである。第二点目は，男性回答者達と女性回答者達の違いが，「動物権の保護」の場合に表れた，ということである。女性回答者達は，「動物権の保護」に同意するに従い，グリーンランド人による捕鯨に反対しているが，男性回答者達では，「動物権の保護」への同意が反捕鯨意識の促進には結びついてはいなかった，ということである。

(4)「アイスランド人による捕鯨を容認する度合い」についての場合

第一点目は，男性回答者達も女性回答者達も「鯨の擬人化」に同意するに従い，また「反捕鯨についての文化帝国主義」に同意するに従い，アイスランド人による捕鯨に反対する，ということである。第二点目は，男性回答者達も女性回答者達も，「動物権の保護」への同意が反捕鯨意識の促進には結びついてはいない，ということである。

(5)「アラスカのイヌイット人による捕鯨を容認する度合い」についての場合

第一点目は，男性回答者達も女性回答者達も，「反捕鯨についての文化帝国主義」に同意するに従い，イヌイット人による捕鯨に反対する，ということである。第二点目は，男性回答者達も女性回答者達も，反捕鯨意識

が，「動物権の保護」への同意には影響を受けていない，ということである。第三点目は，男女間の違いが，「鯨を擬人化する意識」にある，ということである。女性回答者達は，「鯨の擬人化」に同意するに従い，反捕鯨の意識が高まるが，男性回答者達には同じ傾向が表れない，ということである。

4節 章の結論

　アメリカ人の男性回答者達と女性回答者達によって示された「5つの捕鯨民族それぞれによる捕鯨に反対する理由」としては，「日本人による捕鯨への反対」と「アイスランド人による捕鯨への反対」とが同じであった。男性回答者達に限ってみれば，捕鯨反対の理由としては，アラスカのイヌイット人を除いた他の4つの捕鯨民族を同じように扱っている。つまり，日本人による捕鯨だけが，特別な理由で反対されているわけではない。今回の分析に使用した要因に限って言えば，捕鯨反対論者の主張が妥当であろう。

　反対理由としてテストされた4つの要因についての発見では，以下のことが言えるであろう。反対理由として一番強い影響力をもつ要因は，「反捕鯨についての文化帝国主義」であり，次いで影響力をもつものは「鯨の擬人化」である。この点でも，男性回答者達も女性回答者達も，取り分け日本人と他の捕鯨民族とを差異化していない。「動物権の保護」が捕鯨反対への影響をもつのは，女性回答者達の場合であり，男性回答者達の場合にはこれは当てはまらないことも分かった。意外であったのは，反捕鯨意識を高めるものと目された「マス・メディアの影響」がまずありえない，という発見である。

　要するに，日本人による捕鯨にアメリカ人が反対するとして，調べてみた4つの疑わしき要因に限ってみれば，アメリカ人が他の捕鯨民族による

捕鯨に反対する場合と比べて，何か特別な理由によって日本人による捕鯨に反対をしている訳ではない。その分だけ，「日本人による捕鯨」が5つの捕鯨民族の中で捕鯨容認度の最下位に置かれている点が，疑問点として残るのである。

参考・引用文献
(1)　NHK日本プロジェクト取材班　磯村尚徳『世界の中の日本　アメリカからの警告』23頁，(NHK，1986年)。

第 8 章
国際経営の観点から見た「反捕鯨についての文化帝国主義」の意味

第 55 回国際捕鯨委員会年次会合・ベルリン会議の際に場外で行われた反捕鯨デモ
(写真提供・日本捕鯨協会)

要　約　「反捕鯨についての文化帝国主義」とは，数ある「文化帝国主義」の中の1つである。「文化帝国主義」はその押し付けが可能な場合もあれば，押し付けが難しい場合もある。「反捕鯨についての文化帝国主義」は，鯨から作られる商品（鯨油等）が国際的な商品市場において価値を失い，かの文化帝国主義それ自体が商品との結びつきが無いため，他の文化に押し付けが可能である場合と考えられる。つまり国際経営の観点から見ても，「反捕鯨についての文化帝国主義」は，押し付けが可能な場合と考えてもよい。アメリカ人は捕鯨産業から撤退してから久しく，また鯨関連商品を世界に売ろうとしている訳でもないので，「反捕鯨についての文化帝国主義」を日本人に押し付けても，自分の文化の失敗にはならないし，貿易の妨げにもならない。

1節　「国際経営」における「文化の違い」が引き起こす問題

　一見した場合には結びつき難い「反捕鯨問題」と「国際経営」との関係の中に，「反捕鯨についての文化帝国主義」を入れてみると，「文化帝国主義」が国際経営を考える場合の重要なヒントを人々に与えてくれるものであることが分かる。「国際経営（International Management）」とは，「国境を越えて行われるビジネスをマネジメントすること」である[1]。比較的簡単なものでは輸出入などの交易（17・8世紀に活躍した東インド会社の活動等）の経営がそれであり，20世紀では，IBMやTOYOTAのような多国籍企業の経営も国際経営である。21世紀の今では，ヘッジ・ファンドの活動もそれに当たるであろう。

　その国際経営の形態において違いや差はあれ，国際経営を難しくする諸要因は数多ある。競合関係にある他の多国籍企業との競争・為替相場の変動・国際政治上での予期せぬ事件・進出先国の政治的動乱・進出先国の文化との軋轢等など，枚挙すればきりが無い。以前までは，経済的問題と政

治的問題の方が、議論の対象となっていたが、最近ではこの文化の問題が改めて頻繁に議論されるようになってきた[2]。とりわけ最近では、世界各国間での文化的多様性が多国籍企業の国際経営に及ぼす影響が話題となっている。「組織文化」という機能集団によって作られたものよりも、現実に一定の土地で生活し生存し生きている人々の文化が、多国籍企業の国際経営を思いもかけないほどに難しくしている、ということが明らかにされてきたのである。

日本が直面する「反捕鯨問題」にも、実はその「文化間の違いの問題」が潜むということは、これまでも長年指摘されてきた。第6章ではそのことをパス・モデルにおいて明らかにした。さらに「動物権の保護」や「鯨の擬人化」も「反捕鯨についての文化帝国主義」を補強するものであることが分かった。そこで本章では、反捕鯨問題を「文化間の違い」が引き起こす問題の観点から考えてみよう。

2節 「文化」のもつ意義

「文化」という用語は、もともと人類学により発明されたものである。その本来の意味とは、「ある特定の繁殖人口が所与の自然・社会環境の中で生存と再生産を可能にする知識（シンボルも含めて）と技術の体系」という意味合いで使われていた[3]。その意味においては、カラハリ砂漠に住むブッシュマン達の文化であれ、アメリカ合衆国の一部特権階層の文化であれ、それぞれの繁殖人口の生存と再生産に寄与している限り、「文化の機能」という点においては「同値」なのである。

しかし今日では、「文化」という言葉は、繁殖人口を単位としたものとして使用されるのではなく、むしろ「範疇的人口（Categorical Population）」あるいは「統計学的人口（Statistical Population）」を単位としたものとして使われるようになっている。こうなってしまった理由の一端は、ある

人類学者達自身の勘違いに起因する。つまり，「エスノグラフィ（Ethnography）」を記述する際に，ある人類学者達が必要条件としての「観察対象が繁殖人口であること」という点を理解せずに，単に「参与観察（Participant Observation）」というデータ収集の方法を人類学と他の学問を区別する区画であると勘違いをしたため，逆に他の分野の社会科学者達が「参与観察」によってデータ収集すれば全て「エスノグラフィ」が可能となる，と勘違いをするようになったのである。この間違った刷り込みにより，仮に「New York 市の警察署の職員（範疇的人口）」を観察してデータを集めて彼らに共有されている意識を描いた場合でも，その記述が「エスノグラフィ」とみなされるようになっていったのである[4]。

　一旦このようになれば，「文化」という言葉の意味は，後は「何でもござれ（Anything goes）」となる。事実，現在では「文化」という言葉は，「繁殖人口のもの」という文化本来の意味とは全くかけ離れた意味において，人々により実に様々に使われている。例えば，「〇〇文化会館」や「文化人」等に示されているように，所謂「ハイ・カルチャー（High Culture）」を示す場合にしばしば使用されている。さらに「組織文化」とか「日本のラーメン文化」などという具合に，「繁殖人口の生存と再生産」とは全く無関係に使用される場合も多い。恐らく，人々は「繁殖人口が文化によって環境に適合する過程などさして重要ではない」と考えているのかもしれない。そのためか人々は実に簡単にこの言葉を使用している。だが「文化」の本来の意味にもどって「文化」を考える時，現実の世界において「文化の機能とその環境への適合性」において失敗した場合には，言葉以上に大きな問題をうみ出すこともある。

　世界の人類史を見ても分かるように，多くの「民族（一定の文化を共有している繁殖人口）」が，自然環境や社会経済環境の変化に対応出来ずに，その生存において失敗し滅んでしまった。「一繁殖人口が存続において失敗した」とは，同時に「その繁殖人口の文化が環境への適合に失敗した」

ことをも意味する。例えば，アメリカ大陸にヨーロッパ人がやってくる前に栄えていたメソ・アメリカの人々は，ヨーロッパ人が作り出した環境のもとでは，彼我の「文化力の差」の故に，ヨーロッパ人の侵入とその文化に殆ど為す術もなく敗れていった。ヨーロッパ人の大航海時代に，彼らの侵入に敗れて消え去っていった民族は，世界中で他にも沢山いた。所詮，文化の押し付けは強い民族から弱い民族へとなされ，その押し付けに適合出来ない場合には，押し付けられた側の民族は滅びる。

3節　何故「文化帝国主義」が問題になるのか？

　仮にAという民族の文化が，Bという民族の生存を脅かすことなく，A民族の生存に貢献している時，B民族がA民族の文化のあり方を批判する理由はない。仮に，アガリクスがA民族の健康維持と生存に貢献してきたとするならば，B民族が「アガリクスとアガリクスの服用を文化の一部としているA民族」を批判する理由はない。仮に，B民族が「アガリクスとそれを文化の一部としているA民族」を批判し，「アガリクスを食するべきではなく，B民族が食する茸をA民族も輸入して食べるべきである」と主張したとすれば，それはB民族によるA民族への「文化帝国主義」と呼ばれてよい。「文化帝国主義」とは，つまり「他の民族の生存に貢献している文化を批判し，自分の文化を押し付ける」ことでもある。

　実はこの「文化帝国主義」は，企業の国際経営（International Management）における諸陥穽の1つと言われている。自国の文化を相手国に押し付けて失敗した企業は，枚挙に暇が無いほどである。例えば最近では，「証券業界の黒船」と言われた「メリル・リンチ日本社」が，2002年に日本での事業の縮小を迫られたのも，日本人の文化風土を無視してアメリカ流の売り方を貫こうとしたためである。この例が物語っていること

は，実は，反捕鯨問題について1つの回答を提供しているのである。メリル・リンチ日本社の日本での失敗は，「異国の土地で商品を売ろうとした場合には，文化帝国主義は通じない」ということであり，このことが逆に意味していることは，「異国の地で商品を売ろうとしているのでなければ，文化帝国主義はありうる」ということである。私企業が海外進出を図ろうとするならば，進出地域の文化を無視することはまず出来ないが，ある国の人々が自国に留まって，他国の人々の生き方を云々するだけの場合には，相手国の文化は無視出来る。そうしても失敗にはならないし，またそうしても痛くも痒くもないからである。反捕鯨問題における「文化帝国主義」はこのような背景をもっている。

4節　捕鯨と「世界商品」

　鯨とはもともとある民族にとって，言わば「生活用の貴重な資源」でしかなかったのだが，やがて鯨を捕獲することがその民族の生存に益するものとなってきた。バスク地方で始まった捕鯨がその例であるように，「益するものはその当該民族の文化の一部となる」という文化形成の一般的慣わしに従い，やがて捕鯨が文化の一部となった。日本もその一例である。沿岸に泳ぎよってきた「寄り鯨」を捕ることが，ある地域の人々に益する経済活動になってきた。そこまででは，捕鯨は他の誰の問題にもならなかった。なんとなれば，このレベルの経済活動は，川を遡上してきたサケなどを捕獲することと同じであるからだ。捕鯨が人類にとり民族間の軋轢を生む経済問題となってきたのは，ある民族が，鯨から作られる品物（鯨油等）を「世界商品」として取り扱うために捕獲しだしたところから始まるのである。

　「世界商品（World Commodity）」とは，近代初期において世界中で広く取引されだした商品のことである[5]。具体的には，鯨油以外でも，胡

椒などの香辛料／金銀や銅／砂糖／タバコ／コーヒー／茶／奴隷／綿等がそれである。近世初期以前にも，中国の「絹」のような世界商品もあったが，近世初期の世界商品は，世界商品が出現する地に住んでいた民族の運命や，あるいはその世界商品を作ることを強いられた人々（奴隷）の運命を変えていくものとなったのである。ヨーロッパ人が金銀を求めてアメリカ大陸に渡っていった時，その地に先住していた人々は，金銀の採掘のための奴隷とされたり，あるいは邪魔なものとして駆逐されてしまった。その上に，それらの世界商品を作り出すために，アフリカの人々が「奴隷」として「世界商品」になりだした。同じように砂糖が世界商品となりだした時，アフリカの人々は，砂糖を生産する労働力としてアフリカからカリブ海諸島に輸出されだしたのである[6]。綿が世界商品となった時も同じである。アフリカの人々が綿を作る「奴隷」としてアフリカから北米大陸とりわけアメリカ合衆国の南部に売買されていった。これもアメリカ史を変えたものである。

　世界商品としての「茶」に纏わる歴史もそうである。18世紀のオランダの衰退（これも当時の世界商品であった日本の銀が枯渇したことが遠因と言われている）の後，イギリスの東インド会社が初めて中国緑茶をイギリスに輸入すると，当初は海外貿易に従事する商人や貴族などの上流階級が薬として愛飲し出した。次いで，宮廷の東洋趣味に従った人々により，さらには18・9世紀の産業革命により所得が増大しつつあった一般大衆により，飲み物として普及していった[7]。そのためイギリスは，茶の代金の見返りとして，やはり世界商品であった「アヘン」を植民地インドで生産し中国に持ち込み，ついには19世紀の半ばに「不義のかたまり」とすら批判された「アヘン戦争」を引き起こしていった[8]。つまり世界商品とは，その生産と消費に関わる人々の命運を否応無しに変えていったものなのである。

5節　捕鯨の何が「アメリカ人による日本叩き」を促したのか？

　捕鯨を巡る日米関係における最大の皮肉は，日本に開国を促す要因となったのが，他ならぬアメリカ合衆国の「捕鯨産業」の発展であった，ということである。「鯨油」製造のために鯨を求めていたアメリカ合衆国の捕鯨産業が，日本に開国を迫ってきたのである[9]。なんとなれば，そのころには「鯨油」は既に押しも押されもしない立派な「世界商品」となっていたからである。18世紀の産業革命を推し進めたのは，機械用の最高の潤滑油としての「鯨油」であった。大袈裟に言えば，「鯨油」は産業革命の潤滑油ですらあった。19世紀のロンドンやパリの街が暗すぎて犯罪が増えた時に，その暗い街角を照らす灯火として使われ，結果として犯罪の減少に貢献したのも「鯨油」であった，と言われている[10]。鯨油が「世界商品」にならない訳はなかったのである。

　しかし，この鯨油の原料としての鯨を探し求めていたアメリカ合衆国の捕鯨産業は，19世紀初頭には乱獲により大西洋の鯨資源の減少に直面していた。一方，1833年には，過去200年来アジア貿易に君臨していたイギリスの東インド会社が解散し，アジア貿易に自由化の波が押し寄せていた。その背景の下，アメリカ合衆国と清国との間の商船などの情報により，北太平洋の海域（後にジャパン・グラウンドといわれた海域）には，殆ど無尽蔵の鯨がいることが明らかにされた。そこでアメリカ人は太平洋にやってきた。ペリーが蒸気帆船で浦賀にやってくる以前にも，アメリカ人の帆船捕鯨船が既に日本の海にやってきていた[11]。ペリーは，捕鯨船のための「石炭と薪と水と食料」等を日本に要求した。「石炭」は蒸気機関の燃料に，「薪」は単に日常の燃料のためだけではなく，船上での「鯨油」抽出作業のために使われる「薪」でもあった。太平洋の件の海域で泳いでいたマッコウ鯨から採れる「香料」も，彼らの魅力となっていた。こ

第 8 章　国際経営の観点から見た「反捕鯨についての文化帝国主義」の意味

うして彼らは，日本の近海にやってきては，日本に開国を迫ってきたのである[12]。「鯨油」という 1 つの「世界商品」が，日本の歴史を変える契機となったのである。つまり，アメリカ合衆国の捕鯨産業の「生成・発展」という過程が日本に降りかかってきた時，日本人の命運が変わることになっていったのである。「鯨油」が「世界商品」であったが故に，日本人もまた「世界商品」の盛衰の中に否応無しに巻き込まれていったのである。

　世界商品が植物である場合には（例えばアヘンがそうであるが）まだしもその再生に可能性はあるが，動物の場合ではその再生が難しく，それ故にその動物は早晩捕り尽くされるか，その動物の捕獲を巡って競い合っている諸民族間での争いが熾烈となるのが常である。「奴隷獲得の争い」の場合もそうであったが，鯨の捕獲の場合がそのもう 1 つの例である。大洋と公海を生息地としていた鯨が，複数の民族により「世界商品の原料」として求められ出した時，その鯨を巡る諸民族間の争いは熾烈となった。この争いは既に 18 世紀には始まっていた。

　一方，1859 年にはアメリカ合衆国のペンシルヴァニア州で，後に世界商品となる「石油」が発見され，それが鯨油に取って代わるべきものとなり，石油製品である合成繊維が「鯨ひげ」にとって代わるものとなるや，捕鯨各国も鯨から作られた鯨油などの鯨関連商品を以前ほどには世界商品としては扱えないことを知るに至った。にも拘わらず，鯨油を原料とするマーガリンなどの需要が欧米において急増したこともあり，1930 年代においても捕鯨業は，前世紀に匹敵するほどの繁栄をむかえた[13]。不幸にも「希少資源」を巡る戦いを経て，南氷洋ではすべての鯨をシロナガス鯨の頭数に置き換えて（例えばナガス鯨二頭をシロナガス鯨一頭に，というように）捕獲頭数を競う「捕鯨オリンピック」方式が導入される程になっていた。そしてこの方式が大型の鯨から順に個体数の減少を招いていったのである。ソ連と並んで日本も，その競争に最後まで参加した者となっ

た。

　日本にとって皮肉であったのは，世界的に見た場合での捕鯨産業の衰退にも拘わらず，捕鯨の産物が日本全体の食文化だけでなく，ある地域の主要な経済活動となっていたことである。とりわけ日本人の沿岸捕鯨は，宮城県の鮎川町がそうであるように，ある繁殖人口を支える生業的産業であった[14]。つまり紛れも無く「捕鯨が日本の文化の一部」であった点が，今日の苦境を招いてしまったのである。捕鯨が日本文化の大切な一部であっても，捕鯨は当の昔にアメリカ白人の文化の一部ではなくなっていたのである。日本車のアメリカ市場進出がミシガン州のフリント市（GMの工場があった所）の衰退を招いたとしても，その影響は1つの繁殖人口を抹殺するものではないが，沿岸捕鯨も制限する現在の「捕鯨モラトリアム」は，日本のある地域の繁殖人口の衰退を招くものとなるのである[15]。日本における捕鯨文化の衰退とは，即ち1つの繁殖人口の衰退を意味するのである。この点を「国それ自体が1つの繁殖人口ではない国」の人々たるアメリカ人は理解出来ないであろう。

　「鯨とそれから作り出される商品（鯨油や脳油など）」が，多くの国々が参加して国際間で頻繁に取引されるような国際的商品ではなくなってから久しい。鯨とは，むしろある特定の民族の文化上の生存に必要とされる資源でしかないのである。従って鯨を自民族の生存のために必要としていないならば，鯨を必要としていないその民族（アメリカ人等）は，他の民族が鯨を必要としていても，その捕鯨文化を自分の文化基準に基づいて批判してしまう。批判しても失敗にはならないという気安さもある。どれほど相手の文化を批判しても，それは「自分の文化の失敗」にはならない。自分の文化の失敗や自分の民族の生存を脅かすものにならなければ，相手の文化を幾らでも批判出来る。こうなれば，他の民族の文化を理解しようとすらしないであろう。むしろ鯨についての自分たち独自の見方を，自分の文化観のなかに創り上げていくであろう。自然をどのように捉えるのか，

第 8 章　国際経営の観点から見た「反捕鯨についての文化帝国主義」の意味

というのも文化により規定されるからである。かくして，捕鯨問題に「反捕鯨についての文化帝国主義」が入ってくることは必然ですらある。

6節　章の結論

アメリカ合衆国によって日本へ押し付けられた文化帝国主義は，過去において幾つもあった。反捕鯨運動以外で日本人がよく知っている典型的例は，第二次世界大戦後の日本にアメリカ合衆国から押し付けられた「粉食奨励」がそれである。つまり，アメリカ合衆国により「米国の余剰農産物である小麦」が日本に押し付けられた事実である。しかもその際には，「米を食べると馬鹿になり，（小麦を食べると賢くなる）」というイデオロギーまでも併せて流布されたのである。これなどは，紛れも無い「文化帝国主義」である[16]。

だがこのような「文化帝国主義」と「国際経営」とは相容れないものである。「国際経営」の必要性は，ヨーロッパ中世晩期の14世紀にイタリアの商人達が地中海貿易に従事していたころより認められ出した。従って，15・6世紀の大航海時代はもとより，ヨーロッパの国々が重商主義時代に入り，「世界商品」を探して世界中を駆け巡り出してからは，とりわけ「国際経営のセンス」が要求され出した。だが大航海時代や重商主義時代の当時に要求されていた「国際経営のセンス」と21世紀の現在に要求されている「国際経営のセンス」とでは明らかに異なる。今日の国際経営は「世界商品」を求めての国際経営ではない。むしろ今日の国際経営は，進出した先の土地の消費者に必要なものを提供することを目指した国際経営が中心である。それが，所謂「Global Localization」である。このGlobal Localizationが進められている現代の国際経営形態のもとでは，いかなる「商品」と言えども，その商品が売られている土地や地域の人々の要求に応えるものであることが望まれる。そうでなければその商品は売

れない。進出した異国において商品を販売する場合には,「文化帝国主義」を持ち込むことはまず出来ない。

「反捕鯨についての文化帝国主義」が平気でなされる理由の1つは,「鯨」とその鯨から作られる商品が現在の世界では国境を越えて販売される「車のようなレベル」での「国際的商品」ではないからである。確かに「鯨肉」は一部の国々では,貿易対象品ではあるが,車のような国際的商品ではない。「鯨油」も「世界商品」でなくなってから久しい。ましてや鯨関連商品が,Global Localization に見合う商品になるものでもない。鯨から作られる商品は今や Local Needs に応えるための商品でしかない。それ故に,鯨から作られる商品に依存していない「1つの文化圏の人々」にしてみれば,「鯨に依存している他の文化圏の人々」の Local Needs など無視してもよい。ここに自国の文化の価値観を,他の文化圏の人々に押し付ける理由もうまれる。だが仮に鯨油が再び世界商品になるようなことが将来起きるとすれば,日本人による捕鯨がこれ程の「反捕鯨についての文化帝国主義」に出会うものであろうか？

参考・引用文献
(1) Fatehi, K. (1996), *International Management, A Cross*-cultural and Functional Perspective, Prentice Hall.
(2) 例えば以下のものがある。Elashmawi, F. and Harris, P.R. (1998), *Multicultural Management 2000, Essential Cultural Insights for Global Business Success*, Gulf Publishing Company. Trompenaars, F. and Hampden-Turner, C. (1998), *Riding the Waves of Culture. Understanding Diversity in Global Business*, McGraw-Hill.
(3)と(4)「文化の定義」および「人類学と社会学 との区画の曖昧性」についての批判は以下のものから。Tanno, D. (1999), "Ethnography coefficient and categorical populography coefficient: How to facilitate the study of cultures", *Journal of Aomori Public College*, 4(2): 2-18.
(5) Wolf, E.R. (1982), *Europe and the People Without History*, The University of California Press.
(6) Mintz, S.W. (1995), *Sweetness and Power : The Place of Sugar in Modern History*, Viking Press.

第 8 章　国際経営の観点から見た「反捕鯨についての文化帝国主義」の意味

(7)　角山栄『茶の歴史』(中公新書, 1980 年)。
(8)　陳舜臣『実録アヘン戦争』(中公文庫, 1985 年)。
(9)　アメリカ学会訳編『原典アメリカ史』第三巻 (岩波書店, 1953 年), 30-31 頁。杉浦昭典『帆船 航海と冒険編』(舵社, 1986 年)。
(10)　大江志乃夫『ペリー艦隊の大航海記』(朝日文庫, 2000 年)。
(11)　田中弘之『幕末の小笠原』(中公新書, 1997 年)。
(12)　平尾信子『黒船前夜の出会い　捕鯨船長クーパーの来航』(NHK Books, 1994 年)。
(13)　大隈清治『クジラと日本人』(岩波新書, 2003 年)。
(14)　Takahashi, J., Kalland, A., Moeran, B. and Bestor, T. "Japanese whaling culture: Continuities and diversities", *Maritime Anthropological Studies*, 105-133.
(15)　岡田寛『華やぎし町にて——鮎川・捕鯨全盛の頃——』(ぎょうせい, 1994 年)。
(16)　日本農業年報 24 集『第三の武器—食料—』(お茶の水書房, 1975 年)。高嶋光雪『アメリカ小麦戦略』(家の光協会, 1979 年)。

第 9 章
鯨保護意識におけるアメリカ人の
「経済的御都合主義」

第55回国際捕鯨委員会年次会合・ベルリン会議の議場（写真提供・日本捕鯨協会）

要　約　「アメリカ人の中に反捕鯨意識がうまれるのも，反捕鯨的立場が自らの経済的利害に関係しないからである」という指摘がなされてきた。つまりこれは，「アメリカ人は捕鯨を禁止しても，経済的には困らないために反捕鯨を主張出来るのだ」という指摘である。この点は逆に言えば，もし自分達も漁業における経済的利害に関連していると感じるならば，アメリカ人は(1)「一般的に考えた場合での捕鯨容認」への同意が高まり，(2)「漁業よりも鯨を保護すること」に反対するようになるかもしれない，と推測される。そこでこれらの2点を仮説としてテストしてみた。分析の結果は，(1)においては「捕鯨容認への同意が高まることはありえない」ということ，(2)においては，「漁業よりも鯨を保護することに反対する（躊躇う）ようになる」ということが分かった。どうやら，アメリカ人の鯨保護意識は，自分達の「経済的御都合主義（Economic Opportunism）」の観点からなされている可能性がある。

1節　国際捕鯨委員会において「勝手にゴールポストを動かす」アメリカ人

　国際捕鯨委員会（IWC）における反捕鯨派とは，商業捕鯨再開を阻止して捕鯨モラトリアムを継続するために，その都度勝手な理由を探し出すという所謂「勝手にゴールポストを動かす」というルール違反を平気で犯すグループと称されている[1]。この経緯について，大隅清治は『クジラと日本人』（岩波新書，2003年）の中で次のように記している。

　　「反捕鯨勢力は捕鯨のモラトリアムを実現する手段として，初めすべてのクジラ資源が絶滅の危機にさらされていると宣伝した。しかし，クジラ資源の調査・研究が進むにつれて，クジラ資源の多くは決して絶滅に瀕しているわけではなく，捕鯨によって減少した資源も，その多くが回復に向かいつつあることが具体的に示されると，この論理は使えなく

第9章 鯨保護意識におけるアメリカ人の「経済的御都合主義」

なった。

　そこで反捕鯨勢力は，クジラはヒトのように知能が高い動物であると宣伝した。これもその後，クジラは水中生活に適応するために聴覚などの部分が発達したにすぎないこと，クジラの知能を生活環境の全く異なる陸上の哺乳類と比較するのは困難であるが，ブタやウシとせいぜい同程度であることが理解されると，この主張も通らなくなった。次に反捕鯨勢力が持ち出したのは，クジラの殺し方が残酷であるという主張である。捕鯨者の努力によって致死時間を短縮させ，シカやカンガルーなどの陸上の野生動物の狩猟における致死時間よりも短くなると，この主張も力を失ってきた。」(同書，190頁)

　この「勝手にゴールポストを動かす」というルール違反を中心となって行ってきたのが，アメリカ合衆国の代表である。彼らの行動の中には，アメリカ人とは「自分の都合のために自分の言葉を覆す(Opportunism)」人々である可能性が示唆されている。

2節　アメリカ人は経済的利害に聡い，そこでテストした仮説とは

　「世界の全地域での警察官であることをアメリカ人が担うべきではない」とアメリカ人自身が主張している一方で，それでもアメリカ合衆国が行う海外への軍隊派遣と外交政策とが自国の利益のために「御都合主義的」に行われていることは，つとに有名である。アメリカ合衆国は，「イラクの石油」が欲しい場合には，「サダム・フセインに虐げられているイラク国民を救う」という名目で言わば「21世紀型の帝国主義戦争」をしかけ，「日本人に捕鯨を許したくない」という場合には，「反捕鯨についての文化帝国主義」を押し付けてくる。「虐げられている人々を救うこと」がアメリカ人の本当の使命であるならば，アメリカ合衆国は世界中の様々な所

(例えば,「ミロシェヴィチ統治下のユーゴスラビア」とか「金正日統治下の北朝鮮」)に軍隊を派兵しなければなるまいが,アメリカ合衆国政府が実利の無い所に軍隊を送ることはまずない。

アメリカ人の行動が経済的利害関係によって決められていることを示唆する例は他にも多々ある。例えば,「国民1人あたりの所得」の点でクウェイトがアメリカ合衆国を凌いでいた時でも,クウェイト人がアメリカ合衆国の経済を揺るがすものではなかったので,アメリカ人は「クウェイト・バッシング」を行わなかった。だが,日本人の国民所得がアメリカ人のそれに遠く及ばない時でも,日本の経済がアメリカ合衆国の経済を揺るがし始めた時,アメリカ人はジャパン・バッシングを始めた。「アメリカ人は実利と自らの経済的利害が侵された時には,格好のよい大義名分を掲げる実に利に聡い人々である」と考えてよかろう。

この「実利と経済的利害に聡い」という点が,アメリカ人の捕鯨反対意識にどのように表れてくるのであろうか? このような問いが発せられる理由として,「アメリカ人の反捕鯨意識がうまれるのも,反捕鯨的立場が自らの経済的利害に関係しない故である」という指摘がなされてきたからである[2]。つまりこれは,「アメリカ人は捕鯨を禁止しても,経済的には困らないが故に反捕鯨を主張出来るのだ」という指摘である。この点は逆に言えば,「もし自分達の経済的利害が侵されていると感じるならば,アメリカ人の反捕鯨の立場は弱まる」と推測される。

そこでこの点を次の2つに分けて仮説としてテストしてみることにした。(1)自分達も漁業における経済的利害に関連していると感じるに従い,「一般的に考えた場合での捕鯨容認」への同意度が高まるようになる,(2)自分達も漁業における経済的利害に関連していると感じるに従い,「漁業よりも鯨を保護すること」への同意度が減ってくる。つまり,ここでは「説明されるべき従属変数」を2つにした。1つは「Y_1:一般的に考えた場合での捕鯨容認」,もう1つは「Y_2:漁業よりも鯨を保護すること」で

ある。そして「X：自分達も漁業における経済的利害に関連していると感じること」が，どれ程にこれらの2つのY（従属変数）に否定的な影響を与えうるか，という点にここでの最大の焦点が置かれた。

3節　指標の確定作業

「Y_1：一般的に考えた場合での捕鯨容認」を指標化する過程については4章において既に説明されているので繰り返さない。だが，もう1つの「Y_2：漁業よりも鯨を保護すること」の指標化の過程についてはまだ説明がなされていないので，まずそれが明確になされるべきであろう。ただし，アメリカ合衆国それ自体では，産業としての捕鯨を今は行っていないので，捕鯨と漁業の関係について，アンケートの一部において次のような説明が回答者に提供された。「鯨の個体数が増えるに従い，鯨と漁業との間の競争が増えてくる。例えばより多くの鯨が間違って漁業用の網で捕まえられてしまうであろう。また鯨は漁業にとり大切な魚を消費する。このような状況を鑑みながら，漁業と鯨の関係についてあなたの思うところを判断して下さい」。

表9-1　「漁業よりも鯨を保護すること」測定用4陳述項目

Y_2：「漁業よりも鯨を保護すること」測定用項目

1　鯨を間違って捕獲することを減らすために
　　漁業は，減らされるべきである。　………　1　2　3　4　5　6　7
2　鯨に食料を提供するために
　　漁業は，減らされるべきである。　………　1　2　3　4　5　6　7
3　鯨の生命の方が漁業コミュニティの経済
　　よりも大切である。　………　1　2　3　4　5　6　7
4　仮に鯨を保護することが自分の家族や地域に
　　経済的に損害を与えることがあっても，私は
　　鯨保護のために漁業の減少を願う。………　1　2　3　4　5　6　7

以上の4項目の中には所謂「反対陳述項目」を入れなかった。次にこれ

らの4項目に関して示された回答者の反応を確認的因子分析した結果を示そう。

表9-2 「漁業よりも鯨を保護すること」測定用4項目の因子分析の結果

Y_2:「漁業よりも鯨を保護すること」測定用項目	因子負荷
1 鯨を間違って捕獲することを減らすために漁業は，減らされるべきである。	.81
2 鯨に食料を提供するために漁業は，減らされるべきである。	.80
3 鯨の生命の方が漁業コミュニティの経済よりも大切である。	.74
4 仮に鯨を保護することが自分の家族や地域に経済的に損害を与えることがあっても，私は鯨保護のために漁業の減少を願う。	.77

これらの4項目は予想通り1つの因子を作るものであることが判明した。そこで，これら4項目間での相関関係を調べてみた。

表9-3 「漁業よりも鯨を保護すること」測定用4項目間の相関関係

「Y_2:漁業よりも鯨を保護すること」測定用項目	1	2	3	4
1 鯨を間違って捕獲することを減らすために漁業は，減らされるべきである。	―	.62	.41	.48
2 鯨に食料を提供するために漁業は，減らされるべきである。		―	.44	.45
3 鯨の生命の方が漁業コミュニティの経済よりも大切である。			―	.48
4 仮に鯨を保護することが自分の家族や地域に経済的に損害を与えることがあっても，私は鯨保護のために漁業の減少を願う。				―

予想通り，4つの項目は全てが正の相関関係を示していた。これらから計算された「項目間の内的整合性」は，「0.78」であった。

さて次は，これらの「説明されるべき従属変数（Y）」を「説明する変数（X）」についてである。ここでは「自分達も漁業における経済的利害に関連していると感じること」を，次の質問項目への回答により測定してみた。その質問項目とは，「自分の知り合いの中で何％の人が，漁業関係に関わっているのか」であった。勿論，ある回答者は「0％」と答え，ある他の回答者は「40％」と答えたかもしれない。この％の数値が高くなる

に従い，2つの「説明されるべき従属変数」になんらかの影響が現れてくる可能性が想定された。

4節 分析結果

「説明されるべき従属変数」は2つであった。1つは「Y_1：一般的に考えた場合での捕鯨容認」，もう1つは「Y_2：漁業よりも鯨を保護すること」である。それらを「説明する諸要因」としては，次のものの効果がテストされた。「X_1：動物権の保護」，「X_2：鯨の擬人化」，「X_3：反捕鯨についての文化帝国主義」，「X_4：自分達も漁業における経済的利害に関連していると感じること」（「自分の知り合い中で，何％の人が漁業関係に関わっているのか」により測定されたもの）。加えて，男女の性別も一応独立変数として分析に加えられた。それぞれ別々に分析された結果を示そう。

表9-4 「経済的利害関連意識」が「捕鯨容認」あるいは「鯨保護意識」に与える影響を特定化するための重回帰分析（アメリカ人男女回答者達の場合）

独立変数＼従属変数	一般的に考えた場合での捕鯨容認	漁業よりも鯨を保護すること
性別	.06	-.02
動物権の保護	-.30***	..28***
鯨の擬人化	-.14***	.20***
反捕鯨についての文化帝国主義	-.35***	.08
経済的利害関連意識	.05	-.14***
F-value	97.18***	33.30***
R^2（決定係数）	.52	.27
Adjusted R^2	.51	.26

注：この表においては，男性を「1」女性を「0」としてデータ入力している。
　　星印（* ** ***）は，統計学上の有意性（*p <.05, **p <.01, ***p <.001）を意味している。

「Y_1：一般的に考えた場合での捕鯨容認」については，次のことが言え

よう。一番目としては、「X_4：自分達も漁業における経済的利害に関連していると感じること」は、「捕鯨容認」に否定的な影響を与えなかった。二番目としては、他の3つの要因（「X_1：動物権の保護」、「X_2：鯨の擬人化」、「X_3：反捕鯨についての文化帝国主義」）が、「捕鯨容認」に否定的な影響を与えた。この点では、第6章において明らかにした「パス・モデル」の結果と殆ど同じであった。三番目としては、男女の性別による「捕鯨容認」への影響はなかった。

「Y_2：漁業よりも鯨を保護すること」については、次のことが言えよう。一番目としては、「X_1：動物権の保護」と「X_2：鯨の擬人化」とに同意するに従い、「漁業よりも鯨を保護すること」への同意が強化される。これは当たり前のことである。二番目としては、「X_4：自分達も漁業における経済的利害に関連していると感じること」に従い、「漁業よりも鯨を保護すること」への同意度が減ってきている。この点が、ここでの仮説テスト最大の眼目である。三番目としては、ここでの面白い発見として、「反捕鯨についての文化帝国主義」が、「漁業よりも鯨を保護する」ことに何の影響も与えていない、という点がある。「反捕鯨についての文化帝国主義」は、他の捕鯨民族の捕鯨に反対する意識を高めるものであったが、「自国の漁業の利害」が絡んでくる時には、この文化帝国主義は、何の役にも立たない、ということである。この点も当たり前である。四番目としては、男女間の性別が、「漁業よりも鯨を保護すること」に影響を与えていない、ということである。

5節　章の結論

「自分達も漁業における経済的利害に関連している」と感じる時、アメリカ人回答者達の「鯨の保護意識」はある程度怯（ひる）むのである。「自分の経済的利害が侵されていようがいまいが、自分は鯨を保護するの

である」ということではないようだ。以上の諸点からして、アメリカ人の鯨保護意識における「経済的御都合主義」の立場が浮き彫りにされたようである。かくして、これまでも幾人もの研究者達が指摘してきたように、「アメリカ人が捕鯨反対を言う時には、やはり経済的な損害が無い故にそのように主張する」という指摘が一部分ではあるが支持された。逆に言えば、自分たちの経済的利害が侵されたと感じる時には、多分アメリカ人は如何なることでもしてくるであろう。大義名分(例えば「反捕鯨についての文化帝国主義」など)は、後から幾らでも捏造出来る。これがアメリカ人の考え方のようである。

この発見は、実に示唆に富むものである。アメリカ人の中で職業として漁業に関わっている人の割合は、日本人のそれと比べれば格段に低い。従って、日本の漁業関係者の間での常識(鯨の個体数が増加すれば漁業に悪影響を及ぼす、ということ)を共有するアメリカ人は割合としても低いであろう。しかしそのようなアメリカ人でも「鯨と漁業とが置かれている対立関係」を全く理解出来ないという訳でもあるまい。「鯨の個体数の増加が漁業に及ぼす悪影響」についての正しい情報がアメリカ人にも伝えられれば、アメリカ人と言えども捕鯨反対を永久に唱え続けることも出来まい。

参考・引用文献
(1) Aron, W., Burke, W. and Freeman, M.M.R. (2000), "The whaling issue", *Marine Policy*, 24: 179-191.
(2) Nagasaki, F. (1994), "Fisheries and environmentalism", *Public Perception of Whaling*, pp.45-51. Institute of Cetacean Research.

第 10 章
極東ロシア人の場合にはどうであったのか？

ロシア連邦チョコト自治管区の捕鯨者達（写真提供・日本捕鯨協会）

要　約　　アメリカ人回答者達の場合から得られた結果は，果してロシア人の場合にはどの程度まで再現されるのであろうか？　日本海に臨むウラジオストク市において収集した極東ロシア人回答者達（166人）の反応から，それをテストしてみた。(1)極東ロシア人回答者達は，5つの捕鯨民族のそれぞれによる捕鯨に差別を設けているのか？　シベリアのチョクチ人による捕鯨と日本人による捕鯨とでは，明確な差を設けていた。(2)他の捕鯨民族による捕鯨と比べて，日本人による捕鯨に反対する特別な理由はあるのか？　極東ロシア人回答者達は，いずれの捕鯨民族に対しても，「反捕鯨についての文化帝国主義」が主なる反対要因となっていた。(3)極東ロシア人回答者達は，もし自分達も漁業における経済的利害に関連していると感じるならば，(A)「一般的に考えた場合での捕鯨容認」への同意度が高まり，(B)「漁業よりも鯨を保護すること」に反対するようになるのであろうか？　(A)においては「捕鯨容認への同意度が高まることはありえない」ということ，(B)においては，「漁業よりも鯨を保護することに反対するようになる」ということが分かった。極東ロシア人回答者達も，アメリカ人回答者達と，かなり似ていることが分かった。

1節　ロシアの捕鯨

　ロシア人は，旧ソ連時代に捕鯨大国となった。第二次世界大戦後のロシア人は，北太平洋はもとより，日本と同じように，南氷洋での大型商業捕鯨を最後まで続けた。なんとなれば軍事用の潤滑油をマッコウ鯨から得るという冷戦下での国策のためと，外貨獲得のために鯨肉を日本に輸出するという経済上の目的のために捕鯨を続けていた。その国策的大型商業捕鯨も，1970年代には衰退した。だがこのような大型商業捕鯨の発展と衰退の以前から，ロシアにはシベリアの先住民族による「ホッキョク鯨とコク鯨」を対象とした捕鯨があった。そして今日のロシアにおいて捕鯨に従事

第 10 章 極東ロシア人の場合にはどうであったのか？

している人々とは，北東シベリアのチョコト半島に居住する 2 つの先住民族であるチョクチ人（1万4千人）とエスキモー人（2千人）だけである。これら 2 つの民族の捕鯨には，有史以前からの次のような歴史がある[1]。

「原始期（−1870年）」と称される時期の捕鯨は，カヌーと手投げ銛（もり）による「ホッキョク鯨とコク鯨（子供の方）」を捕獲する捕鯨であった。次の「沈滞期（1871年−1916年）」の捕鯨とは，鯨資源枯渇による捕鯨の沈滞を特徴とする。その鯨資源枯渇を招いたのは，1850年代から開始された北極海でのアメリカ式帆船捕鯨によるホッキョク鯨の乱獲と，カルフォルニア半島における沿岸捕鯨によるコク鯨の減少であった。「移行期（1917年−1968年）」の捕鯨とは，1917年のロシア革命により旧来の捕鯨に代わる捕鯨方法（スクーナー船とか鉄砲など）が試された時期の捕鯨である。この時期では，ホッキョク鯨が減る一方であったので，頭数が回復してきたコク鯨の捕獲に限られた。「近代期（1969年−1991年）」の捕鯨とは，ノルウェイ式の近代捕鯨船による捕鯨が伝統的な捕鯨に取って代わった時期である。運営の仕方においても政府主導によるコルホーズ化が進められた。「現代期（1992年以降今日まで）」の捕鯨では，1991年のソ連政府崩壊後に失われた近代的捕鯨に代わるものとして，伝統的捕鯨を復活させる努力がなされてきている時期である。所謂「先住民生存捕鯨」の復活である。

ロシアでの捕鯨とアメリカ合衆国による捕鯨との共通点は，それぞれの歴史的経緯に違いはあれ，大型商業捕鯨が廃止された後に，「先住民生存捕鯨」が残ったという点である。ただしロシア連邦政府は，アメリカ合衆国と違い，IWC においては「捕鯨モラトリアムの解除」を主張している。

2節　調査における3つの焦点

　上記したように，ロシアの捕鯨とは「大型商業捕鯨の廃止」と「先住民による小規模な捕鯨の継続」という2点において，アメリカ合衆国の捕鯨と類似している。この類似性からしても，ロシア人が捕鯨について示すであろう反応を調べることにより，捕鯨反対意識の奥底に潜むものが何であるのかが，アメリカ人との比較においても，明らかにされる可能性があった。そこで，焦点は次の3点に置かれた。(1)極東ロシア人は，5つの捕鯨民族のそれぞれによる捕鯨に差別を設けているのか？　この場合の5つの捕鯨民族とは，チョクチ人／ノルウェイ人／グリーンランド人／アイスランド人／日本人とした。(2)極東ロシア人は，他の4つの捕鯨民族の捕鯨と比べて，日本人による捕鯨に反対する特別な理由を持つのか？　(3)極東ロシア人回答者達は，もし自分達も漁業における経済的利害に関連していると感じるならば，(A)「一般的に考えた場合での捕鯨容認」への同意度が高まり，(B)「漁業よりも鯨を保護すること」に反対するようになる，のであろうか？　つまりこれは，「経済的御都合主義」意識での鯨の保護意識ありやなしや，という問いである。

　これらの3つの焦点につき想定した答えとは，以下である。(1)については，「反捕鯨意識において人種差別も民族差別もありえない」と主張する人々の見解に従い，「如何なる差別もされていない」と想定した。(2)についても，「日本人による捕鯨だけを特別な理由でもって反対している訳ではない」と想定した。(3)については，「ロシア人も，もし自分達も漁業における経済的利害に関連していると感じるならば，(A)一般的に考えた場合での捕鯨容認への同意度が高まり，(B)漁業よりも鯨を保護することに反対するようになるかもしれない」と推測した。ロシア人が置かれた立場がアメリカ人のそれに近いことを考えた場合，ロシア人もアメリカ人と

類似した反応を示すかもしれない,と推測された。いずれにせよ,テストしてみるしかない。

3節　誰が回答者達であったのか

そもそも日本人研究者が,ロシア人からデータを集めるということ自体が至難の業に近い。この困難を乗り越えることを可能にしたのが,「青森公立大学と極東国立工科大学（Far-Eastern State Technical University）との提携関係」であった。「極東国立工科大学」は,1899年にウラジオストク市に創設された歴史と伝統のある大学で,工科大学という名称が示す通り「工学系」が中心ではあるが,社会科学も人文系の学科学問も含めた総合大学（University）である。その総合大学をなす十数のInstitutesの1つが,「The Institute of Economics and Management」である。このInstituteが1993年以来,青森公立大学と提携関係にあり,筆者は2001年の9月にウラジオストク市の極東国立工科大学を訪れそこの教員と学生にデータ収集への協力をお願いした。そもそも捕鯨問題についてロシア人からデータを集めようという場合には,日露関係と捕鯨問題とに敏感な地域を選んだ方がよい。その意味においてウラジオストク市においてデータを集めることは,シベリア内陸部のノヴォシビルスク市やヨーロッパに位置するモスクワ市においてデータを集めるよりも,調査の目的に適していた。かくして,極東国立工科大学の人々の協力を得て,2001年11月までに166人の分析に使用可能なアンケート用紙が回収された。

アンケート用紙それ自体は,筆者が英語で書いたものであったが,多くのロシア人学生は英語そのものをよく理解出来るし,あまり問題はなかった。しかしアンケート用紙に回答者達が書き込む場合には,念のためにロシア語訳を,ビジネス・スクールの教員に読んでもらい意味を確認しながら回答してもらった。回答者達の年齢は17歳から24歳までであったが,

平均年齢は19歳であり，意外と若かった。加えて女性が98人で男性が68人という具合に，女性回答者の方が多かった。女性が多いという点では，アメリカ合衆国で集めたデータの場合とも似ていた。サンプル数が少なかったため，男女別々の分析はせずに男女一緒の分析をした。

4節　分析結果

アメリカ人回答者達の場合で使用した指標を試してみたところ，それらがそっくりそのまま使用出来るということが分かった。これも有意義な発見であった。

（1）　日本人による捕鯨は差別を受けているのか？

ここでの「説明されるべきもの（従属変数）」は，「捕鯨民族による捕鯨を容認する度合い」であり，「説明するもの（独立変数）」は，「5つの捕鯨民族間での違い」である。そこで，事前に立てていた仮説は，次のものである。「回答者達は，捕鯨を容認する度合いにおいては，5つの捕鯨民族を決して差異化していない」というものであった。この仮説は，「反捕鯨は，日本人だけを対象にした人種差別ではない」と主張する人々が正しいとした場合の仮説である。つまり，この仮説に従えば，回答者達は，5つの捕鯨民族の捕鯨容認度に全く差異を設けていない，はずなのである。

「各捕鯨民族による捕鯨を容認する度合いの測定」は，次の5つの陳述のそれぞれについて，与えられた「7つの選択肢」から1つを選ぶということで測定された。その Ordinal Scale の選択肢とは，次の7つである。1：強く不同意，2：中位に不同意，3：少々不同意，4：同意・不同意いずれでもなし，5：少々同意，6：中位に同意，7：強く同意。アメリカ人回答者達に対して使用したものと1つを除けば，そっくり同じである。

第10章　極東ロシア人の場合にはどうであったのか？

表10-1　5つの捕鯨民族それぞれによる捕鯨を容認する度合い

1　シベリアのチョクチ人は，
　捕鯨を許されるべきである。………………　1　2　3　4　5　6　7
2　グリーンランド人は，捕鯨を
　許されるべきである。………………　1　2　3　4　5　6　7
3　アイスランド人は，捕鯨を
　許されるべきである。………………　1　2　3　4　5　6　7
4　日本人は，捕鯨を
　許されるべきである。………………　1　2　3　4　5　6　7
5　ノルウェイ人は，捕鯨を
　許されるべきである。………………　1　2　3　4　5　6　7

では分析の結果はどのようになったであろうか？　分析の結果を示そう。表10-2とそれを視覚的に表した図10-1を見ていただきたい。

表10-2　極東ロシア人男女回答者達は捕鯨容認度の点において5つの捕鯨民族をどのように分類しているのか（分散分析：ANOVAによる）

捕鯨民族	男女の回答者達 による捕鯨容認度
シベリアのチョクチ人	-0.93 ± 0.1^a
グリーンランド人	-1.81 ± 0.1^b
アイスランド人	-1.93 ± 0.1^b
ノルウェイ人	-1.94 ± 0.1^b
日本人	-2.38 ± 0.1^c

注：アルファベットの文字（a　b　c）は，「分散分析（ANOVA：Analysis Of Variance)」により分析（$p < .05$）した場合に，回答者が各捕鯨民族のそれぞれをどの集団として捉えているのかを示している。極東ロシア人回答者達は，シベリアのチョクチ人（aの文字により表現）を1つとし，ヨーロッパの3つの捕鯨民族（bの文字により表現）とは別扱いしているし，また日本人（cの文字により表現）を，他の4つの捕鯨民族とも別の1つの集団として捉えている。

要するに，得られた数値は上記の仮説を支持するものではなかった。これらの数値が示唆しているものは一体何なのであろうか？　何よりも言えることは，極東ロシア人回答者達も，アメリカ人回答者達と同じように，捕鯨の容認度においては各捕鯨民族を必ずしも平等には扱っていない，ということである。男女間で多少の差はあれ，極東ロシア人回答者達は，「各

4節　分析結果

図10-1　極東ロシア人回答者達によって示された5つの捕鯨民族
　　　　（それぞれによる捕鯨の容認度を略図式化した場合）

```
捕鯨容認度           5つの捕鯨民族の位置
------------------  ------------------------------
＋ 0.4
＋ 0.3
＋ 0.2
＋ 0.1
   0.0  --------------------------------------------
－ 0.1
－ 0.2
－ 0.3
－ 0.4
－ 0.5
－ 0.6
－ 0.7
－ 0.8
－ 0.9           シベリアのチョクチ人
－ 1.0
－ 1.1
－ 1.2
－ 1.3
－ 1.4
－ 1.5
－ 1.6
－ 1.7
－ 1.8           グリーンランド人
－ 1.9           アイスランド人　　ノルウェイ人
－ 2.0
－ 2.1
－ 2.2
－ 2.3           日本人
－ 2.4
------------------------------------------------------
```

捕鯨民族による捕鯨容認度」あるいはむしろ「捕鯨反対度」において，各捕鯨民族間に差異を設けている，のである。その差異の度合でいけば，1位が自国の捕鯨民族（北東シベリアに住んでいるチョクチ人），第2位が

第10章　極東ロシア人の場合にはどうであったのか？

ヨーロッパの3つの捕鯨民族（ノルウェイ人／アイスランド人／グリーンランド人），そして一番下に日本人が置かれている。この分析結果が，「反捕鯨の態度は，日本人を人種差別している訳ではない」と主張する欧米人の論拠に抵触してくる，ということなのである。本研究に参加した極東ロシア人の場合にも，ここの数値に表れているように，捕鯨をする民族の「捕鯨容認」を度合いによって尋ねられた時には，実はそれとはなしに差別をしていたのである。つまり，極東ロシア人回答者達は人種の違いにより，「財の分配」において差を設けていたのである。「反捕鯨は，日本人への人種差別ではない」という主張が本当であるならば，この差は出てこないはずである。何故に，極東ロシア人回答者達の間でも，「日本人への捕鯨容認度」が，「他の捕鯨民族への捕鯨容認度」と比べてここまで低いのであろうか。この点こそが，日本人が「反捕鯨は日本人への人種差別では？」という疑心を懐く根拠なのである。

　日本人による捕鯨への容認度が，比較された5つの捕鯨民族の中で「最後尾に置かれている」ということは，「暗黙的日本叩き（Implicit Japan-Bashing）」を示唆しているのである。同じ事をしても，「日本人への批判と反対がより強くなされている」のである。ここで示した分析結果が，そうであることを示しているのである。これらの数値はそれとなく，人々の気持ちを表している。かくのごとく，「暗黙的日本叩き」とは，測定してみるまでは，それとは分らないものなのである。

（2）　他の捕鯨民族による捕鯨と比べて，日本人による捕鯨に反対する特別な理由はあるのか？

　表10−3が示すように，決定係数（R^2）の低さからしてこれらのモデルが不充分なものではあるが，ある型が見てとれる。1つには，アメリカ人回答者達の場合とは異なり，「動物権の保護」と「鯨の擬人化」への同意が各捕鯨民族による捕鯨への容認に何ら影響を与えてはいない。次に，

4節　分析結果

西洋の3捕鯨民族への反応は殆ど類似しているが，日本人への反応とチョクチ人への反応とはそれらと同じではない。それらを詳しく見てみよう。

表10-3　各捕鯨民族による捕鯨に反対する場合の要因を特定化するための重回帰分析
（極東ロシア人男女回答者達の場合）

独立変数＼従属変数	日本人の捕鯨	ノルウェイ人の捕鯨	グリーンランド人の捕鯨	アイスランド人の捕鯨	シベリアのチョクチ人の捕鯨
切片	-.90	3.52	1.60	3.74	2.41
年齢	-.06	-.24***	-.15*	-.26**	-.12
性別	-.05	-.21	-.22	-.02	.66*
マス・メディア	-.00	-.00	.00	.00	-.00
動物権の保護	.11	.02	.04	-.01	-.18
鯨の擬人化	.05	-.02	.14	.12	.06
反捕鯨についての文化帝国主義	-.34***	-.49***	-.52***	-.54***	-.62***
F-value	2.24*	5.35***	2.72**	6.04***	10.03***
R^2（決定係数）	.07	.16	.12	.19	.27
Adjusted R^2	.05	.14	.09	.16	.25

注：この表においては，男性を「1」女性を「0」としてデータ入力している。
　星印（*　**　***）は，統計学上の有意性（*$p<.05$, **$p<.01$, ***$p<.001$）を意味している。

　第一番目として，「日本人による捕鯨を容認する度合い」についての場合を見てみよう。極東ロシア人回答者達は，「反捕鯨についての文化帝国主義」に同意するに従い，日本人による捕鯨に反対する，ということである。
　第二番目として，「ノルウェイ人による捕鯨を容認する度合い」についての場合を見てみよう。極東ロシア人回答者達は，その年齢が高くなるに従い，また「反捕鯨についての文化帝国主義」に同意するに従い，ノルウェイ人による捕鯨に反対する，ということである。
　第三番目として，「グリーンランド人による捕鯨を容認する度合い」に

第10章 極東ロシア人の場合にはどうであったのか？

ついての場合を見てみよう。極東ロシア人回答者達は，その年齢が高くなるに従い，また「反捕鯨における文化帝国主義」に同意するに従い，グリーンランド人による捕鯨に反対する，ということである。

第四番目として，「アイスランド人による捕鯨を容認する度合い」についての場合を見てみよう。極東ロシア人回答者達は，その年齢が高くなるに従い，また「反捕鯨における文化帝国主義」に同意するに従い，アイスランド人による捕鯨に反対する，ということである。

第五番目として，「シベリアのチョクチ人による捕鯨を容認する度合い」についての場合を見てみよう。極東ロシア人回答者達は，「反捕鯨における文化帝国主義」に同意するに従い，チョクチ人による捕鯨に反対する，また女性よりも男性の方が，チョクチ人による捕鯨を容認しがちになるということである。

上記したように，極東ロシア人回答者達が，日本人による捕鯨に反対する理由は，ここではあくまでも「反捕鯨についての文化帝国主義」であった。極東ロシア人回答者達が，西洋の3捕鯨民族による捕鯨に反対する理由としては，「年齢が高くなること」と「反捕鯨についての文化帝国主義」とであった。極東ロシア人回答者達がシベリアのチョクチ人による捕鯨に反対する理由は，「反捕鯨についての文化帝国主義」であり，性別で言えば，「女性」の方が捕鯨反対の度合いが強い。

（3）「経済的利害関連意識」は影響を与えるのか

ロシア人はもし自分達も漁業における経済的利害に関連していると感じるならば，(Y_1)「一般的に考えた場合での捕鯨容認」への同意度が高まり，(Y_2)「漁業よりも鯨を保護すること」に反対するようになるのであろうか？　表10-4が示していることを，(Y_1)「一般的に考えた場合での捕鯨容認」への同意度が高まるかもしれない場合と，(Y_2)「漁業よりも鯨を保護すること」に反対するようになるかもしれない場合，との2つに分

4節　分析結果

表10-4　「経済的利害関連意識」が「捕鯨容認」あるいは「鯨保護意識」に与える影響を特定化するための重回帰分析（ロシア人男女回答者達の場合）

独立変数＼従属変数	一般的に考えた場合での捕鯨容認	漁業よりも鯨を保護すること
性別	.13*	.05
動物権の保護	-.08	.37***
鯨の擬人化	-.16*	.17*
反捕鯨についての文化帝国主義	-.49***	.03
経済的利害関連意識	.00	-.23***
F-value	29.21***	11.42
R^2（決定係数）	.48	.26
Adjusted R^2	.46	.24

注：この表においては，男性を「1」女性を「0」としてデータ入力している。
　　星印（*　**　***）は，統計学上の有意性（*p <.05, **p <.01, ***p <.001）を意味している。

けて見てみよう。

　(Y_1)「一般的に考えた場合での捕鯨容認」については，次のことが言えよう。一番目としては，「X_4：自分達も漁業における経済的利害に関連していると感じること」は，「捕鯨容認」に否定的な影響を与えなかった。二番目としては，他の3つの要因の中では，「X_1：動物権の保護」が「捕鯨容認」に影響を与えなかったが，「X_2：鯨の擬人化」と「X_3：反捕鯨についての文化帝国主義」とが「捕鯨容認」に否定的な影響を与えた。三番目としては，男女の性別で言えば，男性の方が「捕鯨容認」への同意度が高くなった。

　(Y_2)「漁業よりも鯨を保護すること」については，次のことが言えよう。一番目としては，「X_1：動物権の保護」と「X_2：鯨の擬人化」とに同意するに従い，「漁業よりも鯨を保護すること」への同意が強化される。これは当たり前のことである。二番目としては，「X_4：自分達も漁業における経済的利害に関連していると感じること」に従い，「漁業よりも鯨を

第 10 章　極東ロシア人の場合にはどうであったのか？

保護すること」への同意度が減ってきている。三番目としては，ここでの面白い発見として，「反捕鯨についての文化帝国主義」が，「漁業よりも鯨を保護する」ことに何の影響も与えていない，という点がある。「反捕鯨についての文化帝国主義」は，他の捕鯨民族の捕鯨に反対する意識を高めるものであったが，「自国の漁業の利害」が絡んでくる時には，この文化帝国主義は何の役にも立たない，ということである。四番目は，「漁業よりも鯨を保護すること」については男女間での性別の差がない，ということである。

5節　章の結論

「アメリカ人回答者達の場合から得られた結果は，果してロシア人の場合にはどの程度まで再現されるのであろうか？」という問いをもって，極東地方のウラジオストク市においてロシア人からデータを集めて分析してみた。(1) 極東ロシア人回答者達は，5つの捕鯨民族による捕鯨に差別を設けているのか？　シベリアのチョクチ人による捕鯨と日本人による捕鯨とでは，明確な差を設けていた。(2) 他の捕鯨民族と比べて，日本人による捕鯨に反対する特別な理由はあるのか？　極東ロシア人回答者達は，いずれの捕鯨民族に対しても，「反捕鯨についての文化帝国主義」が主なる反対要因となっていた。(3) 極東ロシア人回答者達は，自分達も漁業における経済的利害に関連していると感じる時は，(A)「一般的に考えた場合での捕鯨容認」への同意度が高まることはありえないが，(B)「漁業よりも鯨を保護すること」に反対するようになる。極東ロシア人回答者達も，アメリカ人回答者達と，かなり似ていることが分かった。

　これらの発見は実に興味深いものである。アメリカ人回答者達と極東ロシア人回答者達との類似性は，機会があればさらに調査されるべきであろう。

参考・引用文献

(1) ロシアの捕鯨については，次の研究に依拠している。大隈清治「チョコトの捕鯨」『鯨研通信』（第 416 号，1-8 頁，2002 年 12 月）。Gambell, R. (1993), "International management of whales and whaling: an historical review of the regulation of commercial and aboriginal subsistence whaling", *Arctic*, 46: 97-107.

第 11 章
捕鯨国と反捕鯨国との文化的亀裂

第54回国際捕鯨委員会年次会合・下関会議の際に場外で行われた反捕鯨デモ
(写真提供・日本捕鯨協会)

要　約　Freeman と Kellert の研究により集められたデータ（参加サンプルが 6 カ国 3500 人）を再分析することにより，世界 6 カ国の人々が懐く捕鯨問題についての見解と意識において，捕鯨国と反捕鯨国との間の相違点と類似点が明らかにされた。調査された殆どの点において程度の差に違いが発見された。最大の相違点は，「捕鯨の容認度」や「捕鯨の維持」や「鯨の保全」や「鯨肉消費の容認」等にあった。その一方で，類似点として，人々が「捕鯨の維持と鯨肉消費の容認するに従い捕鯨を認める」という傾向が調査された 6 カ国において現れた。「捕鯨を容認する」ことを説明する要因では，捕鯨国と反捕鯨国との違いは，やはり想定されたように，それなりに存在することが判明した。2 つの陣営の文化的亀裂とは，ある部分では質の違いであり，ある他の部分では程度の差と考えてよいものであった。

1 節　Freeman と Kellert の研究

　捕鯨国と反捕鯨国との対立，とりわけ捕鯨の是非についての文化的対立・亀裂はつとに有名である。そこでこれら 2 つの陣営の捕鯨問題についての「文化的亀裂（Cultural Gulf）」を調べる研究が，大小様々な形でなされてきた。その中でも Freeman と Kellert によりなされた研究が，その規模においてつとに有名である。国際的に知られている "Public Attitudes to Whales: Six-Country Survey"（1992 年）がそれである。この研究は，そのタイトルにも示唆されているように，世界の 6 カ国から 3500 人のデータを収集したものである。その 6 カ国とは，反捕鯨国を代表して「オーストラリアと英国とドイツとアメリカ合衆国」の 4 カ国，一方の捕鯨国を代表して「ノルウェイと日本」の 2 カ国であった。カナダのギャラップ社がサンプルの「無作為抽出」方法により，アメリカ合衆国からは 1000 人，残りの 5 カ国からはそれぞれ 500 人ずつで 2500

第11章 捕鯨国と反捕鯨国との文化的亀裂

人，合わせて3500人のデータを収集した。この研究の報告書の冒頭には，次のように書かれている。「この研究は，6カ国の人々が鯨と捕鯨のマネジメントに関する諸問題をどのように見ているのかを，決定するために企画された。調査のさらなる目標は，選択された国々の人々が，鯨と捕鯨についてどのように知らされた (Informed) かを査定することにある」。その中で報告されているものは，捕鯨国と反捕鯨国の違いを知る上では実に興味深い。

　FreemanとKellertの上記の研究は，質問した各項目の出現頻度を主に「叙述的統計学 (Descriptive Statistics)」により分析しその結果を報告したので，2つの陣営の文化的亀裂を鮮明に際立たせて描くという点において，少々分かりにくいところがあった。そこで我々は，Freeman氏に彼らの研究に使用されたデータを再分析する機会を乞い，その許可を得た。取り分け，サンプルが無作為抽出法に依存したかなり精度の高いものであったので，浜崎俊秀が，3500人のデータを今度は主に「推測統計学 (Inferential Statistics)」を使用して分析し直した。その分析結果は，すでに "Approval of Whaling and Whaling-related Beliefs: Public Opinion in Whaling and Non-whaling Countries" (Toshihide Hamazaki & Dai Tanno) という論文として *Human Dimensions of Wildlife* (第6巻2号：131-144頁) に掲載された。

　本書では，ここで，その結果を日本語にして報告してみよう。2つの陣営の文化的亀裂が言われている通り大きいものであることを，知ってもらいたい。と同時に共通している点も発見出来たので，その点も知ってもらいたい。これらから，アメリカ人が懐く捕鯨についての考えと，他の国々の人々が懐く捕鯨についての考えとの類似性や相違点などが浮かび上がってくる。

2節 指標を作る

　捕鯨問題についての二陣営の文化的違いを鮮明にするために最初に行ったことは，FreemanとKellertの研究で使用された質問項目から「指標(Index)」を作ることであった。個々バラバラになっている諸項目の結果を見るよりも，纏められて指標となっている方が見やすいからである。そこで「探求的因子分析」により質問項目を分析してみると，幾つかの項目からある指標が作られることが判明した。次の指標が現れてきた。(1)「捕鯨の容認」，(2)「国際捕鯨委員会（IWC）の目的」についての2つの見方，(3)「捕鯨管理をする場合の目的」についての2つの見方。

　各質問項目は，6段階スケールによって回答された。選択肢「1」が「強く不同意」，選択肢「5」が「強く同意」。選択肢「6」が「解答出来ない」。もう1つの場合には，選択肢「1」が「極めて重要ではない」，選択肢「5」が「極めて重要」，選択肢「6」が「解答出来ない」。そこで，これらの選択肢を次のように「−2」から「＋2」までの範囲に転換した。選択肢「6」は，計算に参入しなかった。

表11−1　数値の転換

数値：「同意」の場合	「重要」の場合		
1：(強く不同意)	(極めて重要でない)	＝	−2
2：		＝	−1
3：		＝	0
4：		＝	＋1
5：(強く同意)	(極めて重要)	＝	＋2

(1)　「捕鯨の容認」

　この「捕鯨の容認」が「説明されるべき従属変数（Y）」となる。FreemanとKellertの研究では，この点を6項目により克明に調べていた。

以下に回答者によるそれら6項目への反応を探求的因子分析した場合の結果を記そう。項目（4）と項目（6）とは、「反対項目」であるので、これらの2つへの反応の数値を逆転させて計算された。同時に項目間の内的整合性も示そう。

表11-2 「捕鯨の容認」測定用6項目

「捕鯨の容認」についての項目	因子負荷
1　絶滅危惧種ではない鯨は、人間の食用として殺されてもよい。	.777
2　捕鯨が適正に規制されるのであれば捕鯨は何も悪くないと私はみなす。	.813
3　もしある種の鯨が絶滅危惧種でなければ、伝統的にその鯨を狩猟してきた人々の経済的文化的必要性が、彼らの継続的狩猟を正当化する。	.743
(4)　鯨のように賢い生き物を何故誰かが殺したいものと考えるのかが、私には想像出来ない。	.642
5　もし鯨の個体数が再び増えれば、人々は鯨を有用な産物として収穫することを許されるべきである、と私は思う。	.801
(6)　如何なる状況下における如何なる鯨の捕獲にも私は反対する。	.656
項目間の内的整合性	.83

上記したように、項目（4）と（6）とは「反対項目」である。これらの2つへの反応の数値を逆転させて計算すれば、「捕鯨の容認度」についての指標が出来上がる。これは紛れも無く「説明されるべきもの（従属変数）」である。項目間の内的整合性が「0.83」となり、第4章において記した「一般的に考えた場合での捕鯨容認」と同様に優れた指標である。

（2）　国際捕鯨委員会（IWC）の目標について

そもそも国際捕鯨委員会（The International Whaling Commission）とは、2つの目標を掲げて1948年に創設された。その目標とは、(1) 種としての鯨の保全、(2) 捕鯨産業の適正な発展を可能にすること、の2つであった。それらを次の諸項目により尋ねられており、それらへの反応は次のように分析された。（負荷因子には下線が引かれている）。

2節　指標を作る

表11-3　「IWCの目標」測定用8項目

「IWCの目標」についての項目	第一因子負荷	第二因子負荷
1　鯨が大洋の生態系や大洋の管理で果す役割のような生態的目標	.730	-.019
2　鯨が人間から受ける危害無しに存在する権利のような倫理的目標	.727	-.171
3　捕鯨により鯨が受ける可能な痛みや苦痛などの動物の福利への関心	.721	.009
4　海洋汚染や産業活動の脅威から鯨の生息地を保護するなどの環境についての目標	.767	.057
5　捕鯨産業の収益性のような経済的目標	-.165	.690
6　人類が消費するための蛋白質や肉の継続的供給を確保するための資源利用の目標	-.132	.689
7　伝統的捕鯨コミュニティにおける地域住民の幸福や職を維持するような社会的目標	.034	.812
8　伝統的捕鯨コミュニティと彼らの生活を維持するような文化的目標	.163	.702
項目間の内的整合性	.73	.70

　表が示すように2つの因子が現れてきた。一番目は，項目の1／2／3／4の4つからなる因子である。これは鯨の保全と鯨を中心にしたことをIWCの目標と考えるもので，これを「鯨を中心とした鯨の保全目的」因子と呼ぶことにした。これら4つの項目間の内的整合性は，「0.73」であった。二番目は，項目の5／6／7／8の4つからなる因子である。これは捕鯨の維持と人間を中心としたことをIWCの目標と考えるもので，これを「捕鯨コミュニティを中心とした捕鯨維持目的」因子と呼ぶことにした。これら4つの項目間の内的整合性は「0.70」であった。

　ここで発見された2つの因子は，まさしくIWCの2つの目的「(1)種としての鯨の保全，(2)捕鯨産業の適正な発展を可能にする」にぴったりと当てはまった。世界6カ国の人々の判断はいみじくも，IWCのそれと一致しているのである。これも発見であった。データを分析することは，だから面白いのである。

（3） 捕鯨の目的について

捕鯨の目的については，次の諸項目により質問されており，それに対する反応は次のように分析された。（負荷因子には下線が引かれている）。

表11－4　「捕鯨の目的」測定用7項目

「捕鯨の目的」についての項目	第一因子負荷	第二因子負荷
1　有り余るほどに沢山いてしかも絶滅危惧種ではない鯨から限られた数だけ捕獲すること	.644	.267
2　捕獲される鯨の数は，最高の科学的情報に基づくべき	.787	.103
3　捕鯨の操業は，定期的にして厳格な国際的査察と規制とのもとに置かれるべき	.821	.105
4　鯨を殺す時は，技術的に可能な限り人道的な方法でなされるべき	.694	.237
5　捕鯨は，主にローカル・コミュニティに便益を提供するために小規模でなされるべき	.218	.789
6　鯨の食用可能な全ての部分は人間の食べ物として利用されるべき	.040	.850
7　全ての食用可能な産物の分配は無駄を無くすことを要求されるべき	.417	.547
項目間の内的整合性	.76	.61

表が示すように2つの因子が現れてきた。一番目は，項目の1／2／3／4の4つからなる因子である。これは「捕鯨が如何になされるべきか」に関心を置くものである。これを「捕鯨の国際的・科学的管理」因子と呼ぶことにした。これら4つの項目間の内的整合性は，「0.76」であった。二番目は，項目の5／6／7の3つからなる因子である。これは「捕鯨の規模と目的」に関心を置くものである。これを「鯨肉のローカル必要性管理」因子と呼ぶことにした。これら3つの項目間の内的整合性は「0.61」であった。ともに後々の分析用に耐えうるものではあった。

（4） 捕鯨についての知識

「捕鯨についての知識」は，回答者が以下の質問について「真偽（True－

False)」の二者択一で答え，その正解を足して計算された。

表11-5　捕鯨についての知識を試す質問項目

1　サイズの大きい全ての種の鯨が，目下は絶滅の危機にある。
2　幾つかの種類の鯨は，近代産業の時代に絶滅した。
3　大型の鯨は主に中型サイズの魚を食べている。
4　今日では，現代の技術を使用して鯨を素早く殺すことが可能である。
5　ある国々は科学的調査のために毎年千頭以上の鯨を捕殺し続けている。
6　全ての鯨はエコロケイションにより航行できる。
7　マッコウ鯨は食べる際に歯を使う唯一の大型鯨である。
8　商業捕鯨の主なる正当化とは，様々な産業用のために安価な油を提供することにある。
9　今日売られている殆どの鯨肉は，日本の高価なレストランにおいて消費されている。
10　シロナガス鯨は，国際間の協約により25年間捕鯨されることから守られている。

(5) 鯨についての知識

　鯨についての知識は，回答者達が1992年時点における次の種の鯨の生存頭数（Population）について答えるという形でなされた。(1)シロナガス鯨，(2)ナガス鯨，(3)コク鯨，(4)ザトウ鯨，(5)ミンク鯨，(6)セミ鯨，(7)マッコウ鯨，(8)全ての鯨。

3節　テストされた仮説

　ここでの最大の関心は次の2点であった。(1)捕鯨国の人々と反捕鯨国の人々との差はどの程度なのか？　仮説としては，「捕鯨国の人々と反捕鯨国の人々では，各指標において差があるはず」ということにした。(2)「捕鯨の容認」には，如何なる要因が影響を与えているのか？　この点では，「捕鯨の容認度」を「Y：説明されるべきもの（従属変数）」とし，他の指標とそれ以外の変数を「X：説明する変数（独立変数）」として調べてみた。実を言うと「仮説は立てようが無かった」というのが本音であった。測定された変数があまりにも豊富であったので，どの変数が「捕鯨の容認度」にどの程度に影響を及ぼすのかという点は全く予想がつかなかっ

た。これが，所謂「後知恵リサーチ（Hindsight Research）」の実態である。ただし，FreemanとKellertの研究が，性別や年齢や教育程度等の人口学的特性も調べていたので，それらが「捕鯨の容認」に与えている影響をテストしてみた。

4節　分析結果

（1）捕鯨国の人々と反捕鯨国の人々との差

表11-6の数字が示すものは何であろうか？　やはり捕鯨国と反捕鯨国との差が読み取れる。

表11-6　6カ国（「反捕鯨国」と「捕鯨国」）間の差異を判定するための「分散分析（ANOVA）」の結果

国別 指標など	オーストラリア	イギリス	ドイツ	アメリカ合衆国	日本国	ノルウェイ
捕鯨の容認	-.7±.04	-.7±.04	-.6±.04	-.4±.03	.7±.04*	.9±.04*
鯨の保全	1.5±.03	1.4±.04	1.6±.03	1.2±.03	.8±.04*	1.0±.04*
捕鯨の維持	-.4±.04	-.2±.05	-.3±.05	-.0±.03	.3±.04*	.4±.04*
捕鯨の国際的・科学的管理	1.7±.03	1.5±.04	1.5±.03	1.5±.03	1.3±.04*	1.4±.03*
鯨肉のローカル必要性管理	1.0±.05	1.0±.05	1.2±.05	.8±.03	.7±.04*	.6±.04*
捕鯨についての知識	46.2±.8	38.5±.7	41.2±.8	53.0±.4	55.8±.6*	54.1±.9*
鯨についての知識	23.7±.5	16.5±.5	19.6±.5	23.4±.4	22.3±.6	19.3±.5
鯨肉消費の容認	-1.8±.03	-1.8±.03	-1.4±.05	-1.6±.03	-.2±.06*	.0±.06*

注：星印（*）は，反捕鯨国と捕鯨国とが統計学的有意性（$p < .0001$）をもって異なることを意味する。

まず「捕鯨の容認度」について。反捕鯨国の数字を見ていただきたい。オーストラリア／イギリス／ドイツ／アメリカ合衆国のいずれでも数字が「マイナス（－）」になっている。オーストラリア人では「－0.7」，イギリ

ス人では「−0.7」，ドイツ人では「−0.6」，アメリカ人では「−0.4」である。これは反捕鯨国では，捕鯨は人々に容認されていないということを意味する。一方の捕鯨国（ノルウェイと日本）の数字は「プラス（＋）」になっている。日本人の場合では「＋0.7」であり，ノルウェイ人の場合には「＋0.9」である。これは，捕鯨国では，捕鯨は人々に容認されているということである。やはり反捕鯨国と捕鯨国とでは差異がある。

　次に「IWC の目的」の2点について。この2点でも反捕鯨国と捕鯨国では差があることが判明した。第一点目の「鯨の保全（Conservation）」については，反捕鯨国も捕鯨国も人々は鯨の保全には同意しているが，その度合いは反捕鯨国の人々の方が捕鯨国の人々よりも高い。その一方で，第二点目の「捕鯨の維持（Maintenance）」については，反捕鯨国の人々がマイナスを示し，捕鯨国の人々がわずかながらもプラスを示している。この第二点目の違いが際立つ。捕鯨国では鯨を資源として使用しているため，捕鯨国の人々は捕鯨の維持を IWC に期待するが，同じことを反捕鯨国の人々は IWC に期待はしていない。反捕鯨国の人々は IWC に鯨の保全の方に，より多くの期待をしていることが判明した。

　次に「捕鯨を管理する場合の目的」の2点について。この2点についても反捕鯨国の人々と捕鯨国の人々との間では差があることが判明した。「捕鯨の国際的・科学的管理目的」の点においては，反捕鯨国の人々の方が捕鯨国の人々よりもこの点への期待が高い。「鯨肉のローカル必要性管理目的」の点においても，反捕鯨国の人々の方が捕鯨国の人々よりもこの点への期待が高い。つまり，捕鯨国の人々よりも反捕鯨国の人々の方が，鯨肉の管理についてはより厳しい期待をしているということが分かった。

　次に「捕鯨および鯨についての知識」について。「捕鯨についての知識」では，捕鯨国の人々の方が，反捕鯨国の人々よりも知っている，ということが判明した。しかし「鯨についての知識」では，捕鯨国の人々と反捕鯨国の人々との間では差が無いことが分かった。

第11章　捕鯨国と反捕鯨国との文化的亀裂

　最後に「鯨肉を食用として消費することの容認」について。回答者全体の平均値で見れば，この点においては，捕鯨国の人々も反捕鯨国の人々も不同意である。ただその不同意の度合いが，捕鯨国の人々と反捕鯨国の人々との間では，やはり違うことが分かった。この表には示されていないが，日本人もノルウェイ人も鯨肉を食しているので，日本人回答者では32.5％の人が，ノルウェイ人回答者の37.4％の人が，鯨の肉を食べることに同意している。「鯨肉食」についての同意は，オーストラリア人回答者では2.0％，イギリス人回答者では2.3％，ドイツ人回答者では8.5％，アメリカ人回答者では6.7％，となっている。これらの数値は，所謂「食文化」の違いそのものを示すものである。

（2）「捕鯨容認（説明されるべきもの）」を促しあるいは阻害する要因表

　表11-7が示すものは何であろうか？　国別に記してあるので，国別に見てみよう。

　オーストラリア人の場合には，「捕鯨の容認」が次の諸要因と関わってくる。「IWCの目的としての鯨の保全」に同意するに従い，捕鯨には反対している。だが「IWCの目的としての捕鯨の維持」に同意するに従い，「捕鯨の国際的・科学的管理目的」に同意するに従い，「捕鯨についての知識」が増えるに従い，また「鯨肉の消費を容認」するに従い，捕鯨を容認してくることが分かった。

　イギリス人の場合には，「捕鯨の容認」が次の諸要因と関わってくる。「女性よりも男性の方」が捕鯨を容認しがちであり，また「教育程度が上がる」に従い，捕鯨を容認するようになってくることが分かった。次に「IWCの目的としての鯨の保全」に同意するに従い，捕鯨に反対している。だが「IWCの目的としての捕鯨の維持」に同意するに従い，「捕鯨の国際的・科学的管理目的」に同意するに従い，「捕鯨についての知識」が増えるに従い，また「鯨肉の消費を容認」するに従い，捕鯨を容認してく

4節 分析結果

表11-7 「捕鯨容認」に影響を与える要因を特定化するための重回帰分析（6カ国別）

独立変数＼従属変数＼国	捕鯨容認					
	オーストラリア	イギリス	ドイツ	アメリカ合衆国	日本国	ノルウェイ
性別	.06	.08*	.01	.11***	06	02
地域差	-.04	.04	.00	.04	-.00	-.07
教育程度	.03	.09*	.16***	.05	.04	.06
年齢	.03	.07	.06	.08**	.06	.09*
鯨の保全	-.28***	-.33***	-.19***	-.34***	.02	-.12*
捕鯨の維持	.35***	.29***	.23***	.37***	.20***	.13**
捕鯨の国際的・科学的管理	.09**	.20***	.04	.12***	.27***	.14**
鯨肉のローカル必要性管理	.02	.00	.05	.05	-.15**	-.08*
捕鯨についての知識	.12***	.13**	.11**	.09**	.01	.14**
鯨についての知識	.03	-.03	.01	.01	-.01	.03
鯨肉消費の容認	.27***	.24***	.34***	.22***	.24***	.38***
F-value	43.6***	24.0***	22.1***	68.3***	13.1***	17.5***
R^2 （決定係数）	.49	.35	.34	.43	.23	.28

注：この表においては，男性を「1」女性を「0」としてデータ入力している。
　　星印（* ** ***）は，統計学上の有意性（*$p<.05$, **$p<.01$, ***$p<.001$）を意味している。

ることが分かった。

　ドイツ人の場合には，「捕鯨の容認」が次の諸要因と関わってくる。「教育程度が上がる」に従い，捕鯨を容認するようになってくることが分かった。さらに「IWCの目的としての鯨の保全」に同意するに従い，捕鯨に反対している。だが「IWCの目的としての捕鯨の維持」に同意するに従い，「捕鯨についての知識」が増えるに従い，また「鯨肉の消費を容認」するに従い，捕鯨を容認してくることが分かった。

　アメリカ人の場合には，「捕鯨の容認」が次の諸要因と関わってくる。

第 11 章　捕鯨国と反捕鯨国との文化的亀裂

「女性よりも男性の方」が捕鯨を容認しがちであり，また「年齢が増える」に従い捕鯨を容認しがちであることが分かった。さらに「IWC の目的としての鯨の保全」に同意するに従い，「捕鯨の容認」に反対している。だが「IWC の目的としての捕鯨の維持」と「捕鯨の国際的・科学的管理目的」とに同意するに従い，「捕鯨についての知識」が増えるに従い，また「鯨肉の消費を容認」するに従い，捕鯨を容認してくることが分かった。以上は，反捕鯨国の特徴である。

　これに対し，捕鯨国の場合はどうであろうか？　日本人の場合には，「捕鯨の容認」が次の諸要因と関わってくる。まず面白いのが，反捕鯨国のように，「IWC の目的としての鯨の保全」に同意するに従い捕鯨容認に反対してくる，ということは表れなかった。むしろ，「鯨肉のローカル必要性管理」に同意するに従い，捕鯨容認には反対してくる。だが「IWC の目的としての捕鯨の維持」と「捕鯨の国際的・科学的管理目的」とに同意するに従い，また「鯨肉の消費を容認」するに従い，捕鯨を容認してくることが分かった。日本人の場合には，「性別も年齢も教育程度」も「捕鯨を容認する」ことには影響を与えない。さらに捕鯨の知識や鯨自体の知識も「捕鯨を容認する」ことに影響を与えない。

　ノルウェイ人の場合には，「捕鯨の容認」が次の諸要因と関わってくる。「年齢が増える」に従い捕鯨を容認しがちであることが分かった。次に，反捕鯨国のように「IWC の目的としての鯨の保全」に同意するに従い捕鯨容認に反対してくる。また日本人の場合のように，「鯨肉のローカル必要性管理」に同意するに従い，捕鯨容認に反対してくる。だが「IWC の目的としての捕鯨の維持」に同意するに従い，「捕鯨の国際的・科学的管理目的」に同意するに従い，「捕鯨についての知識」が増えるに従い，また「鯨肉の消費を容認」するに従い，捕鯨を容認してくることが分かった。

5節　章の結論：
捕鯨についての文化的亀裂の中でのアメリカ人とは

　捕鯨についての意識の点で言えば，捕鯨国の人々と反捕鯨国の人々との間では，やはり違いがある。面白い発見は，次のものである。1つには，反捕鯨国においては捕鯨の維持と鯨の保全が対立しているが，捕鯨国においては捕鯨の維持と鯨の保全は対立していない点である。つまり，捕鯨国においては「鯨の保全」とは「鯨を持続的に食べるためのもの」と認識されているようだが，反捕鯨国においては「鯨の保全」とは「鯨を捕鯨から守ること（保全）」と認識されているようだ。もう1つには，捕鯨国においては「捕鯨の容認」と「鯨肉のローカル消費」とが相容れない点である。捕鯨が国民全体の文化であり，鯨は海産資源と認識されている場合には，捕鯨は一部地域の人達の食用のみの文化であることを示唆する「鯨肉のローカル消費（鯨を食用以外の目的のために捕って何が悪い？）」の考えとは相容れないであろう。ここが捕鯨国の捕鯨国たる所以なのである。このようなことは，反捕鯨国にはありえないのである。がその一方で，際立つ類似性も見られた。それは，捕鯨国の人々でも反捕鯨国の人々でも，「鯨肉の消費を認める」に従い，捕鯨を容認する，という点である。これも当たり前であるが，分析してみて初めて分かった発見であった。鯨肉を食べ物と見なすに従い，捕鯨容認度が高まるということは，どうやら世界共通のことかもしれない。とすれば，鯨肉を食用と見なす考えが普及すれば捕鯨容認度が高まるであろう，とも言える。

　ことアメリカ人に限って言えば，アメリカ人は調査された6つの国の中では，「捕鯨の容認」を促す要因においては他の5つの国々と際立って異なることはないが，4つの反捕鯨国の中では，幾つかの指標の度合いにおいてアメリカ人は最も捕鯨国の人々の意識に近い数値を示している。捕鯨

第11章 捕鯨国と反捕鯨国との文化的亀裂

についての知識においては反捕鯨国の人々よりも捕鯨国のそれに近く，鯨についての知識では日本人とノルウェイ人よりも優れていた。それを示唆するものが，アメリカ人の場合には，ノルウェイ人の場合と同じく，「年齢が高くなるに従い，捕鯨容認に同意しがちである」ことが判明した。これは，アメリカ合衆国も昔は捕鯨国であった証であるかもしれない[1]。

参考・引用文献
(1) 中村庸夫『世界の帆船物語』(新潮文庫，1987年)。

第 12 章
結　論

第2回日本伝統捕鯨地域サミット（2003年5月）において披露された長崎県生月町の子供達による「勇魚捕唄」（写真提供・日本捕鯨協会）

1節　データ分析が示唆しているもの

　本書は，次なる「序」でもって始まった。日本とアメリカ合衆国とが「鯨の捕獲」を巡って対立したのは，大別すれば日米関係史上2回ある。1回目は，アメリカ合衆国の捕鯨産業が「世界商品」となった「鯨油」の原料としての鯨を求めて日本の近海に至り日本に開国を迫った19世紀半ばである。2回目は，「鯨油」の「世界商品」としての価値が失われたため，アメリカ合衆国の捕鯨産業が捕鯨事業と所謂「捕鯨オリンピック」から撤退した後の20世紀の第4四半期に，日本の捕鯨産業を批判した時である。第1回目の対立はアメリカ合衆国の捕鯨産業の「発展期」に「鯨油」の商品価値があったがために起こり，第2回目の対立は「鯨油」の商品価値が失われたためにアメリカ合衆国の捕鯨産業が衰退した後に起こった。「鯨油」という商品の市場価値の有無という違いはあれ，これらのいずれもがアメリカ合衆国外交の「御都合主義」により展開されたものである。

　この第1回目の対立期に当たる時のアメリカ人の意識も調べてみたかったが，それは到底かなわぬ故に，せめても第2回目の対立期に当たる現在のデータ分析が今後のためにもなされるべきなのである。なんとなれば，第1回目にせよ第2回目にせよそのいずれにせよ，一般のアメリカ人が捕鯨問題について何を考えているのかについて推測統計学を使用した因果的分析についての研究は少ないからである。本書は，この第2回目の対立期に当たる現在，一般のアメリカ人が日本人に対して「君らはもう鯨を捕るな」という反捕鯨的立場をとる時に，彼らの意識の奥底に潜むものの解明を試みたものである。加えて本書は，同じ事をロシア人の場合で調べてみた結果についても記している。さらにFreemanとKellertの研究（1993年）によって使用されたデータ（世界6カ国3500人）の中にアメリカ人（1000人）も含まれていたので，それらの分析も試みた。

第12章 結　論

　さて本書が依拠したデータを分析して得たものは，「葦の髄から天をうかがう」程度のものであったかもしれない。だが今回のデータ分析の結果では，次のことが示唆されているであろう。

　(1)　アメリカ人の反捕鯨意識に関する指標作りでは，人々がこれまで主張していた俗説がかなり妥当なものであったということが発見された。テストを経た指標を使いながら，議論をしていくことの方が今後のためにも，より生産的になるであろう。本書では，そのような指標が今や利用可能であることが示された。それらの指標はロシア人の場合でも使えることが判明した。

　(2)　反捕鯨問題においても「暗黙的日本叩き (Implicit Japan-Bashing)」は存在するということ。それはアメリカ人の場合にも，ロシア人の場合にもありうる，ということである。今回の調査での回答者達は，比較された諸民族の中でも，日本人による捕鯨には最も強く反対している。とりわけアメリカ白人が民族間での財の分配を判断する場合には，「生物遺伝構造に関する彼らの意識」が彼らの判断に影響を与える。その一方において，アメリカ人回答者達にしてもロシア人回答者達にしても，自国の捕鯨民族にはどちらかと言えば最も寛容な態度を示している，ということも分かった。所詮人々は自分達と身内には甘いものであるので，これもある程度止むをえないことであろう。また所詮，財の分配は人々の間において均等になされるものでもない。何かしらの理由があって財は不均等に分配される。この「暗黙的日本叩き (Implicit Japan-Bashing)」の発見が，その不均等な分配を説明するためのヒントになろう。

　(3)　捕鯨反対意識を高める要因とは，主に「反捕鯨についての文化帝国主義」であるということ。これまで疑われてきた諸要因のうちの幾つかを

テストしてみて分かったことは，「動物権の保護」や「鯨の擬人化」よりも，「反捕鯨についての文化帝国主義」の方が，反捕鯨意識により強い影響力を持つということが解明された。この点では，アメリカ人にしてもロシア人にしても同じであることが分かった。加えて，アメリカ人の場合には，件(くだん)の3つの要因（「動物権の保護」と「鯨の擬人化」と「反捕鯨についての文化帝国主義」）が，決して個々バラバラに「捕鯨反対意識」を高めるだけのものではなく，むしろそれぞれにある一定の直接的間接的な因果的関係をもちながら「捕鯨反対意識」を高める可能性あり，と判断された。さらに「動物権の保護」と「鯨の擬人化」も「反捕鯨についての文化帝国主義」に影響を与える要因であることも判明した。1つ意外な発見であったのが，「マス・メディア」が人々の反捕鯨意識を高めることに何ら影響を与えてはいない，ということである。考えられている程には，マス・メディアはこと捕鯨反対の意識を高めることには殆ど関係が無いと考えてもよかろう。

(4) 「自分達も漁業における経済的利害に関連している」と感じるに従い，アメリカ人であれ，ロシア人であれ，「鯨の保護」の点においては躊躇(ため)らうのである。つまり，「鯨の保護」と言っても，経済的御都合主義のもとでの鯨の保護なのである。アメリカ人とロシア人の「鯨の保護意識」とはこの程度のものである，と考えてよかろう。

(5) さて，FreemanとKellertのデータを分析した結果は，アメリカ人の反捕鯨意識において何を示唆していたであろうか？　次のことが言えるであろう。調査された6つの国の中では，アメリカ人は，「捕鯨容認」を促す要因においては他の5つの国々と際立って異なることはない。だが幾つかの指標の度合いにおいて，アメリカ人は，4つの反捕鯨国の中では，一番捕鯨国の人々の意識に近い数値を示している。捕鯨についての知

識では反捕鯨国の人々よりも捕鯨国のそれに近く，鯨についての知識では日本人とノルウェイ人よりも優れていた。またノルウェイ人と同じく年齢が上がるにつれ，捕鯨容認への同意度も上がる。

2節　方法論上の問題点と含意

　方法論上の問題点と併せて方法論での含意にも言及せねばなるまい。

　(1)　まず，如何なる社会調査も完全であることはかなり難しい。弁解めくが，筆者はこれまでも幾度も社会調査を通じてデータを集めてきては分析しその結果を発表するという方法に依拠してきたが，その都度自分の研究に何らかの不備を発見してしまう。今回の調査研究でもその不備から全く免れていた訳でもなかった。ここでは，参加者の制限が意味するものを考えたい。推測統計学を使用する場合には，サンプルが本来調査したい「母集団」の特性を十分に反映したサンプルであることが大前提となる。とした場合に本研究が依拠したサンプルは，母集団として「ありとあらゆるアメリカ人」や「ありとあらゆるロシア人」を反映しているものではない，と言わざるをえない。取り分け年齢と教育（職業）の点では制限を受けている。加えてロシア人の場合では，地域の点でも制限を受けている。従ってそこから帰結される分析結果も，「全てのアメリカ人は………。全てのロシア人は………」等という全称命題で述べることを慎まねばならない。あくまでも「僅かなサンプルから推測する限りでは……」ということでしかない。また，この僅かなサンプルを分析する際に，統計学をやや機械的に使用しすぎていた点もお詫びしたい。

　とは言え「葦の髄から天をうかがう」程度の発見でも，全く試みないよりはましなのである。「In God We Trust...All Others Bring Data.」というAmerican Statistical Association（アメリカ統計学学会）のCatch

2節　方法論上の問題点と含意

Copy を掲げたのはそのためである。自分でデータを集めないで，他人の研究を揶揄することは，簡単であるが生産的ではない。如何に「ある人の研究を批判することが，その研究者の個人攻撃をしている訳ではない」ということが当然であるとはいえ，より優れた研究が出てくるまでは，とりあえずは本書の分析結果がたたき台となる。

　従ってこの問題点の解決方法の1つが，本書を読まれた人の中から「では自分がデータを集めてテストしてみよう」という方が現れてきてくれることである。言うまでもないが，本研究は完成品ではない。今後ともより優れた「指標」を作り上げ，本研究においてテストされた仮説をさらに別のサンプルから集めたデータの分析を通じてテストを重ねていかねばならない。そこで読者にお願いしたい。ここで示されたことに疑問をお持ちの方やあるいはより優れた指標を作れると思われる方は，筆者に連絡をしていただきたい。蓋し完全なる社会調査は，まずありえないが，より優れたものに仕上げていく努力を惜しむわけにはいかない。仮に他の誰かの研究により，今回の結果が反証されることが起こるとしても，それはそれで「学問の進歩」と「民族間での争いの解決」に資するはずである。

(2)　データ分析が社会科学として，何を意味していたのか。自然科学の発展の歴史を見ると，法則の発見だけではなく，ある実体そのものの発見が科学を前進させてきたことが分かる。「燃素（フロギストン）」を探した結果発見された「空気の発見」もその1つである。それ以外でも，「冥王星の発見」や「ペニシリンの発見」や「DNA の発見」などもそうである。

　社会科学においても，ある実体の発見などが社会科学の発展を促してきたことは同じである。実体が発見され，それについての Research Questions が作られ，それらへの回答として何らかの方程式が出来てきて説明がなされる。ウィリアム・ペティとコーリン・クラークによる発見が，そ

第12章 結　論

の1つである。ある社会の経済が発展するに従い、産業に従事する人々の割合が最大比の点で言えば、第一次産業から第二次産業へと、さらに第三次産業へと移行していくことが発見された。この実体を発見する過程において「第一次産業」などという概念の測定方法も明らかにされてきた。つまり、「概念の発見と定義そしてその測定方法の確定」が社会科学の研究にはつきものなのである。

　本書が行ったことは大体これの半分のことである。「見えなかったもの」を「見えるもの」に転換してみたのである。つまり「捕鯨を容認する」という物差しを示すことにより測定方法を確定し、併せてそれらを説明する諸要因の測定方法も確定し、さらにそれらの関係をテストしてみた。勿論、「決定係数（R^2）」の低さからも分かるように、「捕鯨を容認する度合い」を100％説明出来たわけではない。だが幾つかの要因はある程度まで反捕鯨意識に影響を与えていることが確証された。確証された後から見れば瑣末的なことかもしれないが、全ては「コロンブスの卵」のようなものである。誰かがそれを示した後では、「なーんだ、その程度のこと」と思うかもしれない。だが、「その程度のこと」を示すことが、社会科学の使命の1つでもある。

3節　データ分析の結果を超えた示唆と提言

　社会科学の研究であっても、データ分析から出てこないことについて述べることは、極力避けることが望ましい。従って筆者は、「序」の一部分で次のように述べた。「意見を述べること」と「データ分析の結果を発表すること」とは別物である。「意見を述べること」と「データ分析に基づく見解を述べること」とは峻別されるべきである。この峻別に従えば、以下に述べることは筆者の意見に過ぎないことをまず明記しておきたい。

3節　データ分析の結果を超えた示唆と提言

　(1)　「鯨の保護意識」に潜む「経済的御都合主義」が意味するもの。今回の調査に参加してくれたアメリカ人にしろロシア人にしろ，鯨の保護意識の点においては，「自分達も漁業における経済的利害に関連している」という意識を強くするにつれ，鯨の保護を躊躇うことが判明した。このことは実に示唆に富む発見であった。この発見が意味していることは，「鯨の保護が漁業に被害を与えうる」ということの意識が生じるに従い，アメリカ人であれロシア人であれ，鯨の保護を躊躇う，ということである。とすれば，日本が商業捕鯨再開を世界に広く訴えていくためには，この「鯨の過度な保護が漁業にもたらす被害」と「いずれは自分達の経済的利害にも関係してくる可能性」について世界の人々に納得してもらうことが重要であろう。鯨の過度な保護により被害を蒙るのは日本人だけではないはずである。日本一国の経済的御都合だけのため，日本人は鯨の過度な保護がもたらす問題を述べている訳ではない。「明日はあなたも被害を蒙ることになるのですよ」と訴えていくことである。

　(2)　「浜崎－丹野パス・モデル」が意味するもの。本書において明らかにした件のパス・モデルは，たまたま「捕鯨反対」の場合の諸要因についての因果関係モデルである。だが野生動物保護を主張して対立している状況においては，このパス・モデルの応用性は意外に広いかもしれない。「X_1（動物権の保護）」はそのままでよかろうが，「X_2（鯨の擬人化）」と「X_3（反捕鯨についての文化帝国主義）」と「Y（一般的に考えた場合での捕鯨容認）」のところを，様々なものに置き替えることが出来るであろう。野生動物保護を主張する時には，その主張者達はしばしば「保護を目指す動物を象徴的に（シンボル化して）扱う」傾向がある。つまり「動物権の保護」から「特定の動物の擬人化（〇〇の擬人化）」が創り出され，さらにそれらが「反〇〇捕獲についての文化帝国主義」を支持するものとなり，ひいては「その特定動物を捕獲することへの反対意識」を高めるもの

181

第12章 結　論

になるのかもしれない。

　所詮，人々も諸民族も財を巡ってお互いに争うものである。「反捕鯨問題」は，諸民族間でなされている財を巡る多くの争いの1つでしかない。だが，この問題を生じさせる意識の根底にあるものを分析することにより，私達は民族間の争いについて少なからぬものを学ぶことが出来る。本書がその学習成果の1つでありたい。

謝　　辞

　本書を執筆するにあたって，筆者は多くの方々から協力と御支援をいただいた。取り分け次の方々に謝意を述べたい。まず何よりも本研究用のデータ収集の際に回答者として参加してくれた多くのアメリカ人とロシア人の回答者達。彼らの協力なしでは本研究はありえなかった。1998年8月に日本国に帰国して以来，反捕鯨問題を題材とした「諸民族間の争い(Interethnic Conflict)」についての研究書を日本語で出版する必要性を，筆者に諭しかつ叱咤激励してくれた方々。いつも筆者の研究用データの整理やSASによるデータ分析等の作業を引き受けてくれた研究助手の方々。筆者の研究を様々な形において応援してくれた青森市の友人・知人および青森県の県民の方々。勿論，我が兄（丹野公）と畏友にして共同研究者の浜崎俊秀博士の応援なくしては，本書の完成はありえなかったことを，ここに記す。また，文眞堂の前野隆氏より頂いた幾多の助言と励ましも，本書の完成に資するところであった。さらに，本書の刊行に際しては，財団法人青森文化振興財団からの貴重な刊行助成を賜った。ここに特記して厚く御礼申し上げる。

索　引

(ア行)

あからさまな日本叩き　13, 17
後知恵リサーチ　166
アベグレン, J. C.　19
アヘン戦争　127
鮎川町　127
暗黙的日本叩き　13, 17
勇魚捕唄（長崎県生月町）　173
石原慎太郎　14
イデオロギー　128
遺伝的距離　41, 42, 44
因子分析　80
Indicators　78
ウォルファレン, K. ヴァン　19
疑わしき3要因　99
エスノグラフィ　121
沿岸捕鯨　127
欧華思想と体制　21
大隈清治　133
Ordinal Scale　62, 147

(カ行)

概念　26
確認的因子分析　81
仮説　26
Kalland, A.　88
希少資源問題　3
漁業よりも鯨を保護すること　135
極東国立工科大学　146
極東ロシア人　146
ギル, R.　57

近代化論　19, 20
鯨の擬人化　90
鯨の保全目的　163
Cronbach's Alpha　83
ギャラップ社　159
Global Localization　128
クラーク, C.　179
クーン, T. S.　25
Kellert, S. R.　159
鯨肉消費容認　166
鯨油　1, 125
経験的領域　26
経済的御都合主義　133, 145
経済的利害関連意識　146
血縁選択　42
決定係数　111, 180
国際経営　119
国際捕鯨委員会　133, 162
御都合主義　2
小松正之　88
ゴールポストを動かす　133

(サ行)

財の入手権利　69
産業革命　125
サンプル　29
参与観察　121
自然科学　25
指標　78
下村満子　15
社会科学　25
ジャパン・グラウンド　125

索引

重商主義 128
従属変数 59
叙述的統計学 160
人種"間"差別 38, 39
人種差別 37, 55, 60
人種主義 40
心的映像 26
推測統計学 160
Spearmanの相関関係 82
世界システム論 20
世界商品 123
石油（世界商品） 126
説明されるべきもの 75
説明するもの 76
先住民生存捕鯨 16
操作化 26, 77
組織文化 120
俗説 1, 6, 27

（タ行）

Tyson, L. D. 14
多国籍企業 119
探求的因子分析 81
茶 124
チョクチ人 144
通常科学 25, 84
通説（Folk Model） 4, 27
抽象的概念 26, 77
抽象的領域 26
デュルケム, E. 75
統計学的人口 120
動物権の保護 87, 89
トーテム信仰 100
独立変数 59, 83
奴隷 124

（ナ行）

内的整合性 83
なんでもござれ 121

日本叩き 13
日本叩き用日本人異質論 20
日本見直し論 20
日本礼賛用日本人論 20

（ハ行）

幕末史 2
羽差太鼓（長崎県有川町） 23
パス係数 103
パス・ダイアグラム 101
パス・モデル 101
Butterworth, D. S. 88
浜崎俊秀 6, 160
浜崎－丹野パス・モデル 104
原剛 33, 58
反対陳述 79
範疇的人口 120
反捕鯨についての文化帝国主義 92
反捕鯨問題 6, 55, 119
東インド会社 119, 125
Freeman, M. M. R. 159
プレストウィツ, C. V. 19
粉食奨励 128
文化 120
文化帝国主義 92, 122, 128
文化的亀裂 159
Bailey, J. 21, 57, 63
ペティ, W. 179
ペリー, M. C. 125
変数 26
捕鯨オリンピック 1, 126
捕鯨の維持目的 163
捕鯨の国際的・科学的管理 164
捕鯨の目的 164
捕鯨文化 61, 93, 127
捕鯨問題（定義） 6
捕鯨容認 83
捕鯨を管理する場合の目的 161
母集団 30

185

索 引

ポッパー, K. R. 25

（マ行）

McKay, B. 21, 57, 63
マス・メディアの影響 110
Mulvaney, K. 21
三崎滋子 88
民族差別 60
民族性 61
盛田昭夫 14
命題 26
モデル 26

（ヤ行）

山本七平 57
寄り鯨 123

（ラ行）

理論 26
Reverse Scored 79
Local Needs 128
ロシアの捕鯨 271-144

著者略歴

丹野　大(たんの　だい)

早稲田大学第一文学部卒業 (1976 年)。早稲田大学大学院後期課程単位取得退学 (1984 年)。その間、慶応義塾大学大学院においても科学哲学を学ぶ。1984 年に渡米, Georgia Southern University 社会学部助手および The University of Georgia 人類学部助手を経た後, 経済人類学において 1993 年に博士号 (Ph.D.) を取得。1993 年から 1998 年までは Salem-Teikyo University (West Virginia 州) の「The Department of Japanese Studies」において Assistant Professor および学部長を務める。1998 年に帰国し, 以来, 青森公立大学経営経済学部において勤務,「国際経営論」等も担当し現在に至る。

反捕鯨？　日本人に鯨を捕るなという人々（アメリカ人）

2004 年 1 月 10 日　第 1 版第 1 刷発行　　　　　　　検印省略
2011 年 4 月 10 日　第 2 版第 1 刷発行

著　者　丹　野　　　大

発行者　前　野　　　弘

発行所　東京都新宿区早稲田鶴巻町 533
　　　　株式会社　文　眞　堂
　　　　電話 03 (3202) 8480
　　　　FAX 03 (3203) 2638
　　　　http://www.bunshin-do.co.jp
　　　　郵便番号 162-0041　振替 00120-2-96437

組版・モリモト印刷　　印刷・モリモト印刷　　製本・イマキ製本所
© 2011
定価はカバー裏に表示してあります
ISBN978-4-8309-4700-1　C3034